BERICHTE ÜBER DIE VERHANDLUNGEN DER SÄCHSISCHEN AKADEMIE DER WISSENSCHAFTEN ZU LEIPZIG

Mathematisch-naturwissenschaftliche Klasse

Band 101 · Heft 7

HELMUT SCHAEFER

NEUE EXISTENZSÄTZE IN DER THEORIE NICHTLINEARER INTEGRALGLEICHUNGEN

1955

AKADEMIE-VERLAG · BERLIN

Vorgelegt durch Herrn Hölder in der Sitzung vom 18. Oktober 1954
Manuskript eingeliefert am 10. Februar 1955
Druckfertig erklärt am 14. September 1955

Erschienen im Akademie-Verlag GmbH., Berlin W 8, Mohrenstraße 39
Veröffentlicht unter der Lizenznummer 1217
des Amtes für Literatur und Verlagswesen der Deutschen Demokratischen Republik
Satz und Druck: VEB Leipziger Druckhaus, Leipzig (III/18/203)
Bestell- und Verlagsnummer 2027/101/7
Preis: DM 2,40
Printed in Germany

EINLEITUNG

0.1. Die Theorie nichtlinearer Integralgleichungen ist heute, fast 50 Jahre nach der von E. SCHMIDT [*23*][1] veröffentlichten ersten, grundlegenden Arbeit auf diesem Gebiet, noch weit davon entfernt, ein geschlossenes Bild zu bieten. Indessen kann man zwei Hauptrichtungen unterscheiden, je nachdem die angegriffenen Probleme lokaler Art sind oder nicht. Bei der ersten Richtung war schon durch die zitierte E. Schmidtsche Arbeit ein gewisser Abschluß erreicht; — auf bestimmte Anwendungen zugeschnittene — Verfeinerungen findet man in dem bekannten Buch[2] von LICHTENSTEIN. Andere, wesentlich auf dem Iterationsverfahren beruhende Arbeiten enthalten kaum neue Gedanken; sie sind Ausdruck der, unter gewissen typischen Einschränkungen, vielseitigen Anwendbarkeit dieser Methode (vgl. WEISSINGER [*26*]). Bei der zweiten Richtung ist es naturgemäß viel schwieriger, auch nur einen Bereich abzugrenzen, der wesentliche Zusammenhänge erwarten läßt. Die meisten Untersuchungen (vgl. [*4*]—[*7*], [*9*], [*13*], [*15*]—[*18*], [*20*]) gruppieren sich um Gleichungen

$$\text{(A)} \qquad \varphi(x) = \int K(x, y)\, f(y, \varphi(y))\, dy$$

oder eng verwandte Typen, die sich — in Analogie zur Entwicklung der linearen Theorie — vor allem aus Randwertproblemen nichtlinearer Differentialgleichungen ergeben. HAMMERSTEIN [*7*] hat 1930 als erster, wenn auch auf Grund einer sehr speziellen Methode, Existenzsätze globalen Typs auf-

[1] Die Zahlen in [ ] verweisen auf das Literaturverzeichnis.

[2] L. LICHTENSTEIN, Vorlesungen über einige Klassen nichtlinearer Integral- und Integrodifferentialgleichungen nebst Anwendungen. Berlin 1931.

gestellt, die in charakteristischer Weise zeigten, worauf es ankam: *die* $K = \int K(x, y)[\,]\,dy$ *unter den linearen Transformationen auszeichnenden Eigenschaften für geeignete Klassen nichtlinearer* $f(x, u)$ *zum Tragen zu bringen.* Dabei sind (s. u. II.5) gerade die Eigenschaften des in (A) auftretenden $f(x, u)$ bei $|u| \to \infty$ für die Lösbarkeit entscheidend. Der genannte Gedanke kommt besonders auch in den Arbeiten von DOLPH [*4*] und IGLISCH [*9*] zum Ausdruck; bei Integrodifferentialgleichungen bleibt der Sachverhalt zu prüfen. Andererseits wurden für, die Gleichung (A) enthaltende, weit allgemeinere Funktionalgleichungen $X = F(X)$ in Banachräumen topologische Methoden entwickelt, die im Fixpunktsatz (vgl. [*1*], [*20*], [*21*], [*24*]) und der allgemeineren SCHAUDER-LERAYschen Methode [*13*] ihren Ausdruck finden. Auf Gleichungen (A) wurden topologische Methoden — speziell der Fixpunktsatz, vgl. [*15*], [*16*]) — häufig angewendet, ohne daß der erwähnte HAMMERSTEINsche Gedanke zur Geltung kam.

Abschnitt II der vorliegenden Arbeit soll zeigen, wie man eben diesen Gedanken mit der *topologischen Methode* verknüpfen kann; dabei kommt — durch die *Verwendung geeigneter Funktionenräume* bedingt — die Bedeutung der Theorie reeller Funktionen auch für diesen Problemkreis zum Ausdruck. Die Hauptresultate dieses Abschnitts bestehen in wesentlicher Verschärfung eines HAMMERSTEINschen Satzes über (A) bei positiv definitem Kern, einem Existenzsatz bei $K(x, y) \geqq 0$, Vervollständigung der HAMMERSTEINschen Unterteilung einer allgemeinen Klasse Φ stetiger $f(x, u)$ nach stets und nicht stets lösbaren Gleichungen (A) mit positiv definitem Kern, Aufstellung einer ebensolchen Unterteilung im Fall $K(x, y) \geqq 0$ sowie Anwendung der topologischen Methode auf Gleichungen (A) mit eigentlich singulärem Kern.

Die Beweise stützen sich wesentlich auf eine Alternativaussage, die im I. Abschnitt aus dem *Fixpunktsatz* — in der TYCHONOFFschen [*24*], für Abbildungen in lokalkonvexen linearen topologischen Räumen gültigen Gestalt — ohne Hinzunahme tieferliegender Hilfsmittel bewiesen wird und den Kern der von LERAY und SCHAUDER (in bezug auf Banachräume) entwickelten oben erwähnten Methode enthält. Da sich der BROUWERsche Satz (vgl. [*11*]) wie seine (SCHAUDERsche [*21*] und TYCHONOFFsche) Verallgemeinerung mit sehr geringem topologischen Aufwand beweisen lassen, ist so ein neuer, vielleicht kürzerer Zugang zu einer für Existenzbeweise der nichtlinearen Analysis sehr weittragenden Methode gewonnen.

Der III. Abschnitt beschäftigt sich mit den von SCHMEIDLER in neuester Zeit betrachteten *algebraischen Integralgleichungen*. Mit der Methode des Abschnitts I ergeben sich leicht zwei Existenzsätze; schließlich wird noch ein Satz über die Lösungsmenge — als Punktmenge des betrachteten Funktionenraumes gedeutet — einer algebraischen Integralgleichung der Form (A) bewiesen, der einen bemerkenswerten Zusammenhang mit der Lösungsmannigfaltigkeit gewisser Systeme algebraischer Gleichungen herstellt.

0.2. Wir erinnern an einige — besonders in Abschnitt I benutzte — Begriffe. Eine Menge S heißt linearer topologischer Raum (l. t. R.), wenn S Abelsche Gruppe über dem (mit der üblichen Topologie versehenen) Körper R der rellen Zahlen[1] ist und eine topologische Struktur besitzt, bezüglich welcher Addition und skalare (Links-) Multiplikation (mit reellen Zahlen) in S stetig sind. Ein l. t. R. heißt Hausdorffraum (oder separiert), wenn es zu je zwei verschiedenen Elementen aus S punktfremde Umgebungen gibt; vollständig, wenn jeder Cauchyfilter[2] konvergiert in S. Eine Teilmenge $M \subset S$ heißt kompakt, wenn jede unendliche Folge aus M eine (in S) konvergente Teilfolge enthält; bikompakt, wenn jede offene Überdeckung von M durch ein endliches Teilsystem ersetzt werden kann. Eine Teilmenge $K \subset S$ heißt konvex, wenn sie mit irgend zwei Punkten das sie verbindende Geradenstück enthält; ein l. t. R. S lokal-

---

[1] Nur in III.3 wird der komplexe Zahlkörper als skalares Feld benutzt.

[2] Vgl. N. BOURBAKI, Elem. de math.: Topologie générale, Chap. I, II. (Paris 1951.)

konvex, falls das Nullelement θ von S ein Fundamentalsystem (Basis) konvexer Umgebungen besitzt.

Sei K eine konvexe Teilmenge des l. t. R. S, die θ als inneren Punkt enthält; als MINKOWSKIsches Funktional von K bezeichnet man die (stetige) reelle Funktion $p(X) = \inf_{\lambda > 0} \{\lambda : X \in \lambda K\}$. Für innere, äußere, Randpunkte von K sind bzw. die Relationen $p(X) < 1$, $p(X) > 1$, $p(X) = 1$ charakteristisch. Ist K symmetrisch zu θ, so heißt p eine Halbnorm auf S.

In den Abschnitten II, III werden der Untersuchung fast ausschließlich Banachräume — der für die Analysis wichtigste Typ lokalkonvexer Räume — zugrunde gelegt; es sind dies die Räume $\boldsymbol{L}^1(\Omega)$ der über Ω summierbaren, $\boldsymbol{L}^2(\Omega)$ der über Ω (meßbaren) quadratisch summierbaren, $\boldsymbol{L}^\infty(\Omega)$ der über Ω beschränkten meßbaren, $\boldsymbol{C}(\Omega)$ der über Ω stetigen reellen Funktionen, wo Ω eine meßbare Teilmenge des euklidischen R^k bezeichnet. (In einem Fall, vgl. III.3, werden komplexwertige Funktionen zugelassen.) Wenn nichts anderes bemerkt ist, bezeichnen Doppelstriche $\|\ldots\|$ jeweils die in dem betrachteten Raum übliche Norm; Verwechslungen sind nicht zu befürchten. Zu II.6 sei bemerkt, daß sich die Überlegungen dieses Paragraphen auf den Begriff der schwachkonvergenten *Folge* stützen.

I. ABSCHNITT

§ 1. Abbildungen in lokalkonvexen linearen topologischen Räumen

1.1. Der von TYCHONOFF bewiesene Fixpunktsatz[1] über Abbildungen in lokalkonvexen linearen topologischen Räumen stellt eine sehr weitgehende Verallgemeinerung des folgenden einfachen Satzes über die Lösbarkeit einer numerischen Gleichung $f(x) = 0$ dar:

Es sei $f(x) = x - g(x)$ und

(h_1) *$g(x)$ reell und stetig im (endlichen) abgeschlossenen Intervall $I = [a, b]$*

(h_2) $g(I) \subset I$

Beh.: $g(x_0) - x_0 = 0$, *d. h.* $f(x_0) = 0$ *für (mindestens) ein* $x_0 \in I$.

Bew.: Folgt aus dem Zwischenwertsatz, falls die Beh. nicht schon für einen der Randpunkte erfüllt ist.

Faßt man die Achse der reellen Zahlen als topologischen (Hausdorff-) Raum[1] auf (Umgebungen = offene Intervalle), so ist dieser Raum S linear und lokalkonvex; die konvexen, bikompakten Mengen dieses Raumes sind genau die (endlichen) abgeschlossenen Intervalle.[2] Folglich ist der obige Satz einfachster Spezialfall des Satzes von Tychonoff[3]:

Jede stetige Selbstabbildung[4] einer konvexen, bikompakten Menge eines lokalkonvexen l. t. R. besitzt (wenigstens) einen Fixpunkt.

1.2. Das angegebene Kriterium für die Lösbarkeit einer numerischen Gleichung $f(x) = x - g(x) = 0$ läßt sich verallgemeinern, indem man z. B. an Stelle von (h_2) nur fordert:

(h_2') $\quad g(a) \in I, \quad g(b) \in I.$

Wir nehmen o. B. d. A.[5] an, daß I den Nullpunkt der reellen Achse als inneren Punkt enthält. Dann läßt sich unter alleiniger Voraussetzung von (h_1) folgendes sagen:

Entweder ist $x_0 = g(x_0)$ *für ein* $x_0 \in I$, *oder für (mindestens) einen Randpunkt* $x_1 \in I$ *gilt* $x_1 = \vartheta\, g(x_1)$ *mit* $0 < \vartheta < 1$.

Zum Beweis betrachten wir die Funktion

$$g^*(x) = \begin{cases} g(x) & \text{in } \{x:\ g(x) \in I\} \\ a & \text{in } \{x:\ g(x) < a\} \\ b & \text{in } \{x:\ g(x) > b\}\,. \end{cases}$$

$g^*(x)$ ist stetig in I und genügt (h_2); es ist also $x_0 = g^*(x_0)$ für ein $x_0 \in I$, und einer der beiden behaupteten Fälle tritt

---

[1] Vgl. Bourbaki [2].

[2] Eingeschlossen die einpunktigen Intervalle und die leere Menge.

[3] Tychonoff [24].

[4] Das heißt Abbildung *in* sich.

[5] Ohne Beschränkung der Allgemeinheit.

ein, je nachdem $g(x_0) \in I$ oder nicht. Nun ist z. B. (h_2') eine dem zweiten Fall widersprechende Bedingung, w. z. b. w.

1.3. Diese einfache Schlußweise läßt sich auf den abstrakten Fall übertragen. Wir setzen voraus, daß der lokalkonvexe l. t. R. S ein vollständiger Hausdorffraum ist.

Satz 1.1:

(H): *$G(X)$ bilde die konvexe, abgeschlossene Menge $M \subset S$, welche eine Umgebung eines ihrer Punkte*[1] (den wir o. B. d. A. als Nullelement θ von S annehmen) *enthalte, stetig und bikompakt in S ab.*

Beh.: *Entweder gibt es einen Fixpunkt $X_0 = G(X_0) \in M$, oder für wenigstens einen Randpunkt $Y_0 \in M'$ gilt $Y_0 = \vartheta G(Y_0)$,* $0 < \vartheta < 1$[2].

Bew.: Es sei $G^*(X) = G(X)$ in $\{X: G(X) \in M\}$, $G^*(X) = p^{-1}(G(X))\,G(X)$ in $\{X: G(X) \in S - M\}$, wo $p(X)$ das MINKOWSKIsche Funktional von M bedeutet; es ist $p(X)$ stetig und $p(X) > 1$ in $S - M$. Offenbar ist $G^*(M) \subset M$ und bikompakt. Um den Satz von TYCHONOFF anwenden zu können, betrachten wir die konvexe, abgeschlossene Hülle M^* der Menge $G^*(M)$; diese ist infolge der Voraussetzungen über S bikompakt[3] und ersichtlich $\subset M$. Daher besitzt die Abbildung $G^*(X)$ einen Fixpunkt in M: $X_0 = G^*(X_0)$. Einer der beiden behaupteten Fälle tritt ein, je nachdem $G(X_0) \in M$ oder nicht.

Zusatz:

$G(X)$ bilde den konvexen Körper $M \subset S$ stetig und bikompakt in S ab, und es sei $G(M') \subset M$ für den Rand M' von M. Dann besitzt $G(X)$ einen Fixpunkt $X_0 \in M$.

---

[1] M ist also ein konvexer Körper in S.

[2] Falls der Rand M' von M leer ist, gibt es also stets einen Fixpunkt.

[3] BOURBAKI [2], S. 81.

§ 2. Anwendung auf Abbildungen in B-Räumen

2.1. Man gelangt zu einem Banachraum[1] (Raum vom Typus B), wenn man den bisher an S gestellten Forderungen (vgl. 1.3) eine weitere hinzufügt: Existenz einer *beschränkten* Umgebung des Nullelementes θ.

In diesem Fall hat KOLMOGOROFF gezeigt[2], daß S normierbar ist, d. h., es gibt eine reelle Funktion $\|X\|$ auf S mit:

$$\|\theta\| = 0, \quad \|X\| > 0 \quad \text{für} \quad X \neq 0;$$

$$\|aX\| = |a| \, \|X\|;$$

$$\|X + Y\| \leqq \|X\| + \|Y\|.$$

$d(X, Y) = \|X - Y\|$ induziert eine Metrik in S; die durch letztere erzeugte Topologie ist der ursprünglichen gleichwertig.

2.2. In Banachräumen kann man dem TYCHONOFFschen Satz eine etwas andere Fassung geben, da in einem metrischen Raum jede abgeschlossene, kompakte Menge bikompakt ist. Man kommt so zu dem Fixpunktsatz von SCHAUDER[3]:

Jede stetige Abbildung $F(X)$ einer konvexen, abgeschlossenen Menge M eines Banachraumes mit kompaktem $F(M) \subset M$ besitzt (mindestens) einen Fixpunkt.

Die entsprechende Folgerung aus Satz 1.1 ist

Satz 1.2:

(H*): *Es sei $F(X)$ vollstetig*[4] *auf der konvexen, abgeschlossenen, beschränkten Menge M eines Banachraumes B; ferner enthalte M eine Umgebung eines ihrer Punkte*[5] (den wir o. B. d. A. als Nullelement θ von B annehmen).

---

[1] Das heißt zu einem linearen, normierten (s. u.), vollständigen Raum.

[2] KOLMOGOROFF [*12*]. Eine Menge $A \subset S$ heißt beschränkt, wenn für jede Umgebung $U(\theta)$ $A \subset \lambda\, U(\theta)$ bei geeignetem $\lambda > 0$.

[3] SCHAUDER [*21*]. Diese (die Kompaktheit von M nicht voraussetzende) Form ist für viele Anwendungen am besten geeignet, vgl. NIEMYTZKI [*16*].

[4] Das heißt das (stetige) Bild jeder beschränkten Teilmenge des Definitionsbereiches von $F(X)$ sei kompakt.

[5] Diese Voraussetzung kann nicht entbehrt werden, wie das Beispiel: $M = [0, 1]$, B die komplexe Ebene, F eine komplexwertige auf M stetige Funktion, zeigt.

Beh.: *Entweder gibt es einen Fixpunkt* $X_0 = F(X_0) \in M$, *oder für (wenigstens) einen Randpunkt* $Y_0 \in M'$ *gilt*

$$Y_0 = \vartheta F(Y_0),\ 0 < \vartheta < 1 .$$

Hieraus läßt sich – entsprechend der Folgerung zu Satz 1.1 – schließen, daß eine der Voraussetzung (H*) genügende Abbildung $F(X)$ sicher einen Fixpunkt $X_0 \in M$ besitzt, wenn für das Bild des Randes M' von M gilt: $F(M') \subset M$[1].

§ 3. *Neuer Beweis eines einfachen Kriteriums für die Lösbarkeit gewisser Funktionalgleichungen*

3.1. SCHAUDER und LERAY[2] haben gezeigt, daß zahlreiche Probleme sich auf Funktionalgleichungen

$$X - F(X) = 0$$

in Banachräumen, insbesondere bei vollstetigem F, zurückführen lassen.

Schon früher war man, namentlich bei Anfangs- und Randwertaufgaben für (gewöhnliche und partielle) Differentialgleichungen, auf Funktionalgleichungen dieses Typs gestoßen, die sich meist als Integralgleichungen ergaben.[3]

Abgesehen von einigen direkten Methoden[4], die auf durchaus speziellen Eigenschaften der betrachteten Probleme beruhen, hat man sich zum Existenzbeweis einer Lösung $X = F(X)$ solcher Funktionalgleichungen entweder des Fixpunktsatzes[5] oder der folgenden, allgemeinen Methode[6] bedient: Man fragt nach Lösungen von

$$X = \lambda F(X)$$

für kleine $\lambda > 0$ und versucht, durch Fortsetzung der Lösung nach $\bar{\lambda}$ bis zum Wert $\lambda = 1$ zu gelangen. Die Frage nach Lösungen bei kleinem $|\lambda|$

---

[1] Für endlichdimensionale Räume vgl. B. KNASTER, C. KURATOWSKI, S. MAZURKIEWICZ [*11*].

[2] J. LERAY, J. SCHAUDER [*14*].

[3] Insbesondere auch im linearen Fall.

[4] Zum Beispiel das BIEBERBACHsche Verfahren zur Lösung der 1. Randwertaufgabe für $\Delta u = e^u$ (vgl. II.3.7).

[5] Zum Beispiel BIRKHOFF-KELLOGG [*1*], SCHAUDER in [*20*] und zahlreichen anderen Arbeiten, NIEMYTZKI [*16*], [*15*] u. a.

[6] IGLISCH [*9*], LERAY [*14*].

läßt sich — wie dies seit langem bekannt und neuerdings[1] wieder abstrakt formuliert worden ist — etwa unter der Voraussetzung (H*) und zusätzlicher Benutzung einer (verallgemeinerten) Lipschitzbedingung bereits durch sukzessive Approximation positiv beantworten. (Der SCHAUDERsche Satz[2] (§ 2) sichert die Lösungsexistenz ohne diese Bedingung.)

Andererseits bietet das Programm der Fortsetzung von Lösungen nach λ naturgemäß erhebliche Schwierigkeiten.[3] LERAY und SCHAUDER haben für allgemeinere, stetige λ-Abhängigkeit $F_1(X, \lambda)$ durch Übertragung des BROUWERschen Abbildungsgrades auf Abbildungen in B-Räumen weite Voraussetzungen angegeben, unter denen die Fortsetzung der Lösung längs eines gegebenen Intervalls möglich ist. Eine wesentliche, allgemein zu machende Annahme ist dabei die (*a-priori-*) *Beschränktheit* der Lösungen für alle fraglichen λ.

3.2. Mit der obigen Verallgemeinerung des Fixpunktsatzes beweist man

Satz 1.3:

(H): *Es sei $F(X)$ eine vollstetige Abbildung eines Banachschen Raumes in sich, ferner besitze*

$$(*) \qquad X = \lambda F(X)$$

in $0 < \lambda < 1$ höchstens gleichmäßig beschränkte Lösungen.

Beh.: (*) *besitzt für jedes $\lambda \in [0, 1]$ mindestens eine Lösung.*

Bew.: Offenbar genügt es, die Lösbarkeit der Gleichung für $\lambda = 1$ zu zeigen. Gäbe es keine Lösung $X_0 = F(X_0) \in B$, so existierte auf dem Rande *jeder* Kugel $K = \{X: ||X|| \leqq \varrho\}$, $\varrho > 0$, ein $Y = \vartheta(Y; \varrho) F(Y)$, für welches also $||Y|| = \varrho$ wäre und $0 < \vartheta(Y; \varrho) < 1$. Dieser Widerspruch beweist den Satz.

Dieser Satz ist, allerdings unter Beschränkung auf $F_1(X, \lambda) = \lambda F(X)$ und [0, 1] als Fortsetzungsintervall — dies reicht für fast alle Anwendungen aus — mit Theorem I der SCHAUDER-LERAYschen Arbeit [*14*] identisch.

---

[1] WEISSINGER [*26*]; der in dieser Arbeit bewiesene Fixpunktsatz für „kontrahierende" Abbildungen ist auch unter dem Namen Banachscher Fixpunktsatz bekannt, vgl. NIEMYTZKI [*18*].

[2] Siehe Fußn. [3], S. 9.

[3] Siehe Fußn. [6], S. 10.

II. ABSCHNITT

§ 1. Nichtlineare Integralgleichungen

1.1. Es ist bekannt, welche weitgehenden Konsequenzen die Linearität (d. h. Additivität, Homogeneität) einer Funktionaltransformation nach sich zieht; innerhalb der linearen Theorie aber gibt es Eigenschaften von Transformationen — insbesondere die Symmetrie einer Transformation im HILBERTschen Raum —, die den Aufbau einer besonders abgerundeten Theorie ermöglichen. Man kann sich fragen, ob beispielsweise die Eigenschaft der Symmetrie auch über den linearen Bereich hinaus Bedeutung hat. Die Antwort hierauf gibt die folgende, nicht ganz selbstverständliche Bemerkung:

Es sei $F(X)$ Abbildung eines Hilbertraumes $\boldsymbol{H}$ in sich und symmetrisch: $(F(X), Y) = (X, F(Y))$ *für alle* $X, Y \in \boldsymbol{H}$,

Beh.: $F(X)$ *ist linear und beschränkt (also auch stetig).*

Bew.: Infolge der bekannten Eigenschaften des Skalarproduktes in $\boldsymbol{H}$ ist

$$(F(X+Y), Z) = (X+Y, F(Z)) = (X, F(Z)) + (Y, F(Z))$$
$$= (F(X), Z) + (F(Y), Z) = (F(X) + F(Y), Z),$$

also $(F(X+Y) - F(X) - F(Y), Z) = 0$ für alle $Z \in \boldsymbol{H}$,

insbesondere für $Z = F(X+Y) - F(X) - F(Y)$, woraus die Additivität von $F(X)$ folgt; ähnlich zeigt man die Homogeneität. Nach Voraussetzung ist $F(X)$ überall definiert in $\boldsymbol{H}$, also nach einem Satz von HELLINGER und TOEPLITZ beschränkt, w. z. b. w.[1] Es ist klar, daß ein ähnliches Ergebnis schon aus der Voraussetzung der Existenz einer adjungierten Transformation folgt.

1.2. Man kann daher Existenzsätze anderer als der in Abschnitt I betrachteten Art ohne weitere, wesentliche Einschränkung der betrachteten Transformationstypen nicht er-

[1] HELLINGER-TOEPLITZ [*8*].

warten. Einen geeigneten Anhaltspunkt hierfür gewinnt man z. B. durch das Studium von Randwertaufgaben bei Gleichungen $L(\varphi) = f(\varphi)$, wo $L(\varphi)$ einen linearen Differentialausdruck bedeutet; solche Aufgaben führen — etwa mittels einer GREENschen Funktion — zu nichtlinearen Integralgleichungen

$$\text{(A)} \qquad \varphi(x) = \int_{\Omega} K(x, y) f(y, \varphi(y)) \, dy,$$

die in einem geeigneten Funktionenraum zu lösen sind.

Bei den zu gewinnenden *Existenzsätzen*, die sich *nicht auf eine Nachbarschaft bekannter Lösungen* beziehen sollen [in diesem Fall lassen sich, wie in I.3.1. angedeutet, bei ganz allgemeinem $F(X)$ auf verschiedene Weise Aussagen machen], kann es sich nur darum handeln, *die* $\int K(x, y) [\,] \, dy$ *unter den linearen Transformationen auszeichnenden Eigenschaften auch für gewisse (in u) nichtlineare* $f(x, u)$ *zum Tragen zu bringen.* Dies soll in den beiden folgenden Existenzsätzen für zwei Klassen[1] von Kernen in möglichst weitem Umfang geschehen.

1.3. Schreibt man (A) allgemeiner (A*): $\varphi = K f(\varphi)$, wo K eine kompakte lineare, $f(\varphi)$ eine stetige (und beschränkte) Transformation des betrachteten Funktionenraumes $\boldsymbol{F}$ in sich seien, so ist folgende Bemerkung von Interesse: Wählt man für $\boldsymbol{F}$ den Raum $\boldsymbol{C}$ (über einem endlichen Grundbereich) stetiger Funktionen, so leistet jedes (im gewöhnlichen Sinne) stetige reelle $f(x, u)$ das Verlangte, während K — wie RADON[2] gezeigt hat — infolge der vorausgesetzten Kompaktheit stets vom Integraltypus ist; man hat also in (A*) stets eine Gleichung der Gestalt (A) vor sich, was in anderen Funktionenräumen im allgemeinen nicht zutrifft.

---

[1] In welchen die GREENschen Funktionen selbstadjungierter Randwertprobleme und die zu gewissen Anfangswertproblemen gehörigen Kerne (vom VOLTERRAschen Typus) enthalten sind.

[2] RADON [*19*].

§ 2. *Existenzsatz bei positiv definitem Kern*

2.1.

Satz 2.1:

(K): *$K(x, y)$ sei in $\Omega \times \Omega$ ($\Omega \subset R^k$ eine Menge endlichen Maßes) quadratisch summierbar und positiv definit mit $\int |K(x,y)|^2 dy < M$ fast überall in Ω;*

(f): *Für die in $\Omega \times E_1$ stetige Funktion gelte*

$f(x, u) \geqq k u$ in $u \leqq -C$, $x \in \Omega$,

$f(x, u) \leqq k u$ in $u \geqq C$, $x \in \Omega$,

bei geeignetem $C > 0$ und $0 < k < \lambda_1$ [λ_1 der kleinste Eigenwert[1] von $K(x, y)$].

Beh.: (A) *besitzt eine Lösung* $\varphi \in \mathbf{L}^2(\Omega)$.

Dieser Satz konnte von HAMMERSTEIN[2] und IGLISCH[3] (auf anderem Wege) nur unter der zusätzlichen Voraussetzung bewiesen werden, daß entweder $K(x, y)$ *beschränkt* ist oder $f(x, u)$ eine *lineare Majorante* besitzt; beide Verfasser weisen auf diese Einschränkung ausdrücklich hin[4], da sie wichtige Anwendungen [z. B. $K(x, y)$ eine mehrdimensionale GREENsche Funktion] ausschließt oder die zulässige Funktionenklasse unnötig einschränkt — weshalb auch die HAMMERSTEINsche Klassifizierung (vgl. § 5) bei nicht beschränkten Kernen unvollständig bleibt.[5]

Der Beweis wird in mehreren Schritten geführt.

2.2. Wir ziehen aus (K), (f) Konsequenzen. Infolge (f) ist für jede beschränkte[6], summierbare Funktion $\psi(x)$ $f(x, \psi(x))$ beschränkt und meßbar; ferner ist für jedes solche $\psi(x)$

$$\int \psi(x) f(x, \psi(x))\, dx - k \int \psi^2\, dx < C_1, \tag{2.1}$$

wo C_1 nicht von ψ abhängt. Im anderen Fall gäbe es Funktionen ψ, für welche an gewissen Stellen $\tilde{x} \in \Omega$ $\tilde{\psi} f(\tilde{x}, \tilde{\psi})$ —

[1] In der FREDHOLMschen Schreibweise.

[2] HAMMERSTEIN [7].

[3] IGLISCH [9].

[4] l. c. S. 122 Z. 3ff. v. o. bzw. l. c. S. 177 Z. 3ff. v. u.

[5] Vgl. l. c. Fußn. 2, S. 123 Z. 11 v. u.

[6] Das heißt (auch im folgenden) *fast überall in Ω* beschränkte.

$-k\,\tilde{\psi}^2\ (\tilde{\psi} = \psi(\tilde{x}))$ einen vorgegebenen positiven Wert überschritte, d. h. es müßten für gewisse (Zahlen-) Folgen $\tilde{\psi}_l$ $(l = 1, 2, \ldots)$ die Relationen $\tilde{\psi}_l\, f(\tilde{x}_l, \tilde{\psi}_l) \to +\infty$, $|f(\tilde{\psi}_l)| > k\,|\tilde{\psi}_l|$ nebeneinander bestehen können, was (f) widerspricht.

Aus (K) folgt, daß für die mit den (n-ten) Partialsummen der Bilinearreihe von $K(x, y)$ gebildeten $K_n(x, y)$ gilt

$$\int |K_n(x, y)|^2\, dy < M; \tag{2.2}$$

diese Kerne endlichen Ranges sind positiv definit und haben sämtlich den kleinsten Eigenwert λ_1.

2.3. Wir beweisen die Existenz einer Lösung $\varphi_n \in \boldsymbol{L}^2(\Omega)$ von

$$\varphi_n(x) = \int K_n(x, y)\, f(y, \varphi_n(y))\, dy \tag{A_n}$$

für jedes $n = 1, 2, \ldots$ Dazu betrachten wir die Menge aller

$$\chi(x) = \int K_n(x, y)\, \psi(y)\, dy,$$

wo $\psi(y) \in \boldsymbol{L}^2(\Omega)$. Diese χ sind beschränkt und meßbar; sie bilden offenbar einen (vollständigen) Unterraum $\boldsymbol{L}_n^2 \subset \boldsymbol{L}^2(\Omega)$. Besäße (A_n) keine Lösung $\varphi_n \in \boldsymbol{L}_n^2$, so gäbe es nach Satz 1.3 eine Folge $\chi^{(m)}(x) = \chi_n^{(m)} \in \boldsymbol{L}_n^2$, für welche $\|\chi^{(m)}\| \to \infty$ und

$$\chi^{(m)} = \vartheta_m \int K_n(x, y)\, f(y, \chi^{(m)}(y))\, dy$$

$(0 < \vartheta_m < 1)$, $m = 1, 2, \ldots$

Hieraus ergibt sich $[f(y, \chi^{(m)}(y)) = f^{(m)}(y)$ gesetzt$]$

$$\int \chi^{(m)} f^{(m)} dx = \vartheta_m \iint K_n(x, y)\, f^{(m)}(x)\, f^{(m)}(y)\, dx\, dy$$
$$\geqq \vartheta_m^2\, k \iint K_n^{(2)}(x, y)\, f^{(m)}(x)\, f^{(m)}(y)\, dx\, dy = k\int |\chi^{(m)}|^2\, dx$$

wegen $k < \lambda_1$, also

$$\int \chi^{(m)} f^{(m)}\, dx - k\int |\chi^{(m)}|^2\, dx$$
$$\geqq \vartheta_m k \iint \frac{K_n(x, y)}{k}\, f^{(m)}(x)\, f^{(m)}(y)\, dx\, dy -$$
$$- \vartheta_m^2\, k \iint K_n^{(2)}(x, y)\, f^{(m)}(x)\, f^{(m)}(y)\, dx\, dy$$
$$\geqq \vartheta_m k \iint \left[\frac{K_n(x, y)}{k} - K_n^{(2)}(x, y)\right] f^{(m)}(x)\, f^{(m)}(y)\, dx\, dy$$
$$\geqq \vartheta_m \left(1 - \frac{k}{\lambda_1}\right) \iint K_n(x, y)\, f^{(m)}(x)\, f^{(m)}(y)\, dx\, dy \geqq$$
$$\geqq k\left(1 - \frac{k}{\lambda_1}\right) \int |\chi^{(m)}|^2\, dx \to +\infty,$$

entgegen (2.1).

(A_n) besitzt daher (mindestens) eine Lösung $\varphi_n \in L^2_n$. Für diese gilt (man ersetze in der letzten Abschätzung $\chi^{(m)}$ durch φ_n, ϑ_m durch 1) infolge (2.1)

$$\left(1 - \frac{k}{\lambda_1}\right) \int \varphi_n^2 \, dx \leqq \int \varphi_n f(x, \varphi_n) \, dx - k \int \varphi_n^2 \, dx < C_1,$$

also insbesondere

$$\|\varphi_n\|^2 < C_1 \left(1 - \frac{k}{\lambda_1}\right)^{-1}$$

und

$$0 < \int \varphi_n(x) f(x, \varphi_n) \, dx < C_2 \tag{2.3}$$

(C_2 eine von n unabhängige Konstante, wie im folgenden $C_2', C_3, \ldots$).

2.4. Aus (A_n) ergäbe sich sofort eine Lösung von (A), wenn die Beschränktheit von $\int f_n^2 \, dx$ [$f_n(x) = f(x, \varphi_n(x))$ auch nachfolgend] gezeigt werden könnte, wozu man anscheinend die in 2.1. angedeutete Einschränkung machen muß. Wir behaupten indessen die Beschränktheit von $\int |f_n| \, dx$ sowie die gleichgradige Stetigkeit dieser Integrale (als Mengenfunktionen), d. h. es gilt

$$\int_\delta |f_n| \, dx < \varepsilon(|\delta|), \tag{2. 4}$$

wo δ eine beliebige (meßbare) Teilmenge $\subset \Omega$ vom Maß $|\delta|$, $\varepsilon(|\delta|)$ eine in 0 stetige, von n unabhängige Funktion bedeutet. Bezeichne $\overline{\Omega}_n$ die Teilmenge von Ω, in welcher $f_n \varphi_n \geqq 0$, $\underline{\Omega}_n$ ihre Komplementärmenge (bezüglich Ω); es ist

$$\int_{\underline{\Omega}_n} |f_n| \, dx < C_2',$$

weil andernfalls — es ist $\int \varphi_n^2 \, dx$ beschränkt — $\int_{\underline{\Omega}_n} (f_n \varphi_n - \varphi_n^2) dx$ nicht beschränkt wäre entgegen (2.1) [man setze in (2.1) $\psi(x) = \varphi_n(x) \bar{e}_n(x)$, $\bar{e}_n(x)$ charakteristische Funktion von $\overline{\Omega}_n$]. Daraus folgt wegen (2.3) $\int_{\underline{\Omega}_n} |f_n \varphi_n| \, dx < C_2''$, also auch $(\overline{\Omega}_n \cup \underline{\Omega}_n = \Omega) \int_\Omega |f_n \varphi_n| \, dx < C_3$. Das bedeutet

$$\int_\Omega |f_n| \, dx < C_4; \tag{2.5}$$

denn sei $|\varphi_n| \geqq 1$ in Ω_n^*, dann ist in ${}^*\Omega_n = \Omega - \Omega_n^*$ $|f_n| \leqq c$, daher

$$\int_\Omega |f_n|\, dx \leqq c\,|{}^*\Omega_n| + \int_{\Omega_n^*} |f_n \varphi_n|\, dx < c\,|\Omega| + C_3 = C_4.$$

$\varepsilon(|\delta|)$ ist beschränkt; wäre nicht $\varepsilon \to 0$ für $|\delta| \to 0$, so gäbe es eine Folge (meßbarer Mengen) $\delta_\nu \subset \Omega$, $|\delta_\nu| \to 0$ mit $\int_{\delta_\nu} |f_{n_\nu}|\, dx \to \gamma > 0$. Sei $L > 0$ beliebig; wir können die δ_ν so ausgewählt denken, daß $|\varphi_{n_\nu}| \geqq L$ in δ_ν für alle $\nu = 1, 2, \ldots$ Dann hätte man aber

$$C_3 > \int_\Omega |f_{n_\nu} \varphi_{n_\nu}|\, dx \geqq \int_{\delta_\nu} |f_{n_\nu} \varphi_{n_\nu}|\, dx \geqq L \int_{\delta_\nu} |f_{n_\nu}|\, dx \to L\gamma;$$

diese Beziehung kann nicht für beliebiges $L > 0$ gelten. Damit ist die Behauptung bewiesen.

2.5. Wir zeigen, daß es eine in (der Metrik von) $\boldsymbol{L}^2(\Omega)$ konvergente Teilfolge (φ_{n_μ}) von (φ_n) gibt; sie werde so bestimmt, daß $\varphi_{n_\mu} \to \varphi$ fast überall in Ω ($\varphi \in \boldsymbol{L}^2(\Omega)$). Wir schreiben (A_n): $\varphi_n = K_n f(\varphi_n)$; K_n ist eine vollstetige, positive Transformation in $\boldsymbol{L}^2(\Omega)$; es gibt also eine eindeutig bestimmte, positive Transformation T_n mit $T_n^2 = K_n$; $T_n \Rightarrow T$,[1] $T^2 = K$. (T_n ist „normkonvergent"[1]; T vollstetig, aber im allgemeinen nicht vom Hilbert-Schmidtschen Typus). Nach (2.3) ist

$$C_3 > \int_\Omega f_n \varphi_n\, dx = (f_n, \varphi_n) = (K_n f_n, f_n) = (T_n f_n, T_n f_n) = \|T_n f_n\|^2,$$

daher $\|T_n f_n\|$ beschränkt. Es folgt mit $h_n = T_n f_n$ $\varphi_n = K_n f_n$

$$\varphi_n = T_n h_n = T h_n + (T_n - T) h_n,$$

woraus sich die Behauptung ergibt wegen $\|T_n - T\| \to 0$.

2.6. $\varphi(x)$ erfüllt die Gleichung (A) fast überall. Wir bezeichnen zum Beweis die Folge (φ_{n_μ}) wieder mit (φ_n); es ist $\varphi_n \to \varphi$

[1] Das heißt $\|T_n - T\| \to 0$, wobei hier ausnahmsweise Doppelstriche die Norm einer beschränkten linearen Transformation bedeuten. Für das innere Produkt in $\boldsymbol{L}^2(\Omega)$ verwenden wir (vorübergehend) das übliche Klammersymbol.

außer höchstens in einer Menge vom Maß 0. Man kann daher nach EGOROFF[1] eine Menge δ vorgebbaren Maßes (> 0) finden, so daß φ_n gleichmäßig konvergiert in $\Omega - \delta$.

Sei (δ_μ) eine Folge solcher Mengen: $|\delta_\mu| \to 0$, $\delta_{\mu+1} \subset \delta_\mu$. Infolge (2.2) sind die φ_n einzeln beschränkt in Ω; daraus folgt $|\varphi| < N_\mu$ in $\Omega_\mu = \Omega - \delta_\mu$.

$$(\mathrm{A}_n) \quad \varphi_n(x) = \int_{\Omega_\mu} K_n(x, y) f_n(y)\, dy + \int_{\delta_\mu} K_n(x, y) f_n(y)\, dy;$$

nach (2.2) und (2.4) ist

$$\int_{\Omega_\mu} \left| \int_{\delta_\mu} K_n(x, y) f_n(y)\, dy \right| dx \leqq (M\,|\Omega|)^{\frac{1}{2}} \int_{\delta_\mu} |f_n|\, dy < (M\,|\Omega|)^{\frac{1}{2}} \varepsilon(|\delta_\mu|),$$

andererseits $f_n(x) = f(x, \varphi_n(x))$ gleichmäßig konvergent in Ω_μ. Daher folgt aus der für φ_n zuletzt angeschriebenen Gleichung:

$$(2.6) \quad \int_{\Omega_\mu} \left| \varphi(x) - \int_{\Omega_\mu} K(x, y) f(y, \varphi(y))\, dy \right| dx < C_5\, \varepsilon(|\delta_\mu|).$$

Wir setzen $f^{(\mu)}(y) = \lim f_n(y)$ in Ω_μ, $f^{(\mu)}(y) = 0$ in δ_μ und betrachten die Funktionen

$$\Phi^{(\mu)}(x) = \int_{\Omega} |K(x, y)\, f^{(\mu)}(y)|\, dy.$$

$\int_{\Omega} |f^{(\mu)}|\, dx < C_4$ nach (2.5). Nach dem B. LEVIschen Satz[1] ist daher $f^{(\mu)} \to f(y, \varphi(y))$ fast überall in Ω für $\mu \to \infty$; $f(y, \varphi)$ ist summierbar. Da $\int \Phi^{(\mu)} dx$ beschränkt ist, konvergieren die (nichtfallenden) $\Phi^{(\mu)}(x)$ fast überall, d. h. $\int |K(x, y)\, f(y, \varphi)|\, dy$ ist fast überall endlich, $K(x, y) f(y, \varphi)$ für fast alle $x \in \Omega$ summierbar.

Daher folgt auch

$$\int_{\Omega_\mu} K(x, y) f(y, \varphi)\, dy = \int_{\Omega} K(x, y) f^{(\mu)}(y)\, dy \to \int_{\Omega} K(x, y) f(y, \varphi)\, dy$$

fast überall. Dies bedeutet, daß (für $\mu \to \infty$) der x-Integrand in (2.6) fast überall konvergiert mit beschränktem Integral;

---

[1] Siehe z. B. F. RIESZ et B. SZ.-NAGY, Leçons d'Analyse fonctionnelle, Budapest 1952.

also ist nach dem Satz von FATOU die Grenzfunktion summierbar und

$$\int_{\Omega} |\varphi(x) - \int_{\Omega} K(x, y) f(y, \varphi(y))\, dy\,|\, dx = 0.$$

Damit ist der Satz 2.1 vollständig bewiesen.

§ 3. Existenzaussagen bei positivem Kern

3,1. Wir fragen nach der Lösbarkeit von (A) unter der für den Kern *allein wesentlichen Voraussetzung*: $K(x, y) \geqq 0$.

HAMMERSTEIN bemerkt[1], daß man zu wesentlich allgemeineren Resultaten (als denjenigen seiner Sätze 1 und 2) gelangen könne, wenn zur positiven Definitheit die Bedingung $K \geqq 0$ hinzugenommen wird. Tatsächlich besteht die Verallgemeinerung darin, daß (etwa unter den Vor. von Satz 2.1) bei $f(x, u) \geqq 0$ für $u \geqq 0$ sich die Existenz einer nicht negativen Lösung ergibt, also — wie man nachträglich feststellt — für $u < 0$ von $f(x, u)$ nichts gefordert zu werden braucht. Bei dieser Überlegung ist aber die (in der HAMMERSTEINschen Methode begründete) Annahme positiver Definitheit (überhaupt der Symmetrie) unwesentlich; gerade bei eigenwertlosem $K(x, y) \geqq 0$ nimmt die Aussage des folgenden Satzes II.2 ihre allgemeinste Form an (vgl. Zusatz 1). Wesentlich ist, daß $K(x, y) \geqq 0$ allein schon für einen allgemeinen Satz ausreicht. Der Beweis stützt sich auf die Existenz eines positiven Eigenwertes mit positiver Eigenfunktion für eine Klasse positiver Kerne. Der Satz von JENTZSCH[2] läßt sich erweitern; für das Folgende ist nur eine kurze Zusatzbetrachtung nötig.

3.2.

Hilfssatz 2.1:

Vor.: *$K(x, y)$ sei $\geqq 0$, in $\Omega \times \Omega$ quadratisch summierbar und im (quadratischen) Mittel stetig*[3]; *$\varepsilon > 0$ eine hinreichend kleine Konstante.*

Beh.: *$K_1(x, y) = K(x, y) + \varepsilon$ besitzt einen (kleinsten positiven) Eigenwert λ_1, für den $0 < \lambda_0 - \lambda_1 < \delta$ bei vorgegebenem $\delta > 0$, wenn λ_0 der kleinste positive Eigenwert von $K(x, y)$ ist; besitzt K keinen solchen, so ist $\lambda_1 > M$ für*

[1] HAMMERSTEIN [7], S. 122 Z. 6 v. u.

[2] JENTZSCH [*10*].

[3] Das heißt $\int |K(x', y) - K(x, y)|^2\, dy \to 0$ für $\|x' - x\| \to 0$; analog in y. Ω sei (wie in Satz 2.1) eine meßbare Menge endlichen Maßes.

vorgegebenes M. *Zu* λ_1 *und* K_1 *gehört eine positive (stetige) Eigenfunktion* e_1.

Bew.: Nach dem Satz von JENTZSCH[1] besitzt K_1 einen positiven Eigenwert λ_1 (mit positiver Eigenfunktion, z. B. $e_1(x) \geqq \lambda_1 \varepsilon$ wenn $\int e_1\, dx = 1$), der der absolut kleinste ist. Besitze jetzt $K(x, y)$ den (kleinsten) positiven Eigenwert λ_0; es ist $\lambda_1(\varepsilon) \to \lambda_0 - 0$ (monoton) für fallendes $\varepsilon \to 0$. Denn der Konvergenzradius $\lambda_1(\varepsilon)$ der NEUMANNschen Reihe $\Gamma_1(x, y;\, \lambda, \varepsilon)$, deren Koeffizienten nicht negative Polynome in ε sind, kann für fallendes ε nicht abnehmen, andererseits λ_0 weder übertreffen noch für alle $\varepsilon > 0$ um einen festen Betrag unter λ_0 bleiben, so daß die Konvergenz folgt. Man sieht leicht, daß $\lambda_1(\varepsilon) \to +\infty$, falls $K(x, y)$ eigenwertlos ist.

Hilfssatz 2.2:

Vor.: $K(x, y)$ *sei* $\geqq 0$, *in* $\Omega \times \Omega$ *quadratisch summierbar, mittelstetig und in* $\Omega \times \Omega$ *nicht beschränkt.*

Beh.: *Setzt man* $K_n(x, y) = K(x, y)$ *in* $\{(x, y)\colon K \leqq n\}$, $K_n(x, y) = n$ *in* $\{(x, y)\colon K > n\}$, $n = 1, 2, \ldots$, *so konvergieren die kleinsten positiven Eigenwerte nicht zunehmend gegen den (kleinsten positiven) Eigenwert* λ_1 *von* K: $\lambda_1^{(n)} \to \lambda_1 + 0$ *für* $n \to \infty$ [*während die zugehörigen Eigenfunktionen* $e_1^{(n)}(x)$ *gleichmäßig gegen* $e_1(x)$ *konvergieren*]; *besitzt* K *keinen positiven Eigenwert, so gilt das auch von allen* K_n.

Der Beweis kann übergangen werden.

3.3.

Satz 2.2:

(K): $K(x, y)$ *sei* $\geqq 0$, *in* $\Omega \times \Omega$ *quadratisch summierbar und im (quadratischen) Mittel stetig.*[2]

(f): *Die in* $\Omega \times E_1$ *stetige Funktion* $f(x, u)$, *oder die durch Spiegelung aus* f *hervorgehende Funktion* $f_1(x, u) = -f(x, -u)$

---

[1] JENTZSCH [*10*]. [2] Siehe Fußnote 3, S. 19.

genüge einer der Bedingungen:

	$u \leqq 0$	$u > 0$
1)		$0 \leqq f(x, u) \leqq ku + C$
2)	$-C \leqq f(x, u)$	$-C \leqq f(x, u) \leqq ku + C$
3)		$\lvert f(x, u)\rvert \leqq k \lvert u\rvert + C$

wo $0 < k < \lambda_0$ [λ_0 *absolut kleinster Eigenwert von* $K(x, y)$, *bei eigenwertlosem* K: $\lambda_0 = +\infty$], $C > 0$ *eine geeignete Konstante ist.*

Beh.: (A) *besitzt eine in* Ω *stetige Lösung.*

Zusatz 1:

Bei nichtnegativem $K(x, y)$ *ohne Eigenwert ist* (A) *für alle stetigen Funktionen lösbar, die eine lineare Majorante besitzen.*

Dies ist eine unmittelbare Verallgemeinerung des aus der linearen Theorie bekannten Lösungsverhaltens VOLTERRAscher Integralgleichungen (2. Art). Auf in $\Omega \times \Omega$ nicht notwendig positive $K(x, y)$ läßt sich Satz 2.2 wie folgt anwenden:

Zusatz 2:

Es sei für die in $\Omega \times E_1$ *stetige Funktion* $f(x, u)$ *die Bedingung* $(\mathrm{f})_3$ *erfüllt, wo* $\lambda_0 \leqq +\infty$ *den kleinsten positiven Eigenwert von* $K'(x, y) = \lvert K(x, y)\rvert$ *bedeute;* $K(x, y)$ *sei im Mittel stetig. Dann besitzt* (A) *eine stetige Lösung.*

Zum Beweis von Satz 2.2 führen wir zunächst die Bedingungen (f_1), $(\mathrm{f})_2$ auf $(\mathrm{f})_3$ zurück, zeigen dann die Existenz einer Lösung bei beschränktem Kern und gehen schließlich zu nicht beschränktem $K(x, y)$ über. Der Zusatz 2 ergibt sich durch leichte Modifikation der nachfolgenden Methode.

3.4[1]. Der Fall, daß $f_1(x, u) = -f(x, -u)$ einer der Bedingungen (f) genügt, führt wegen

$$\text{(A)} \qquad -\varphi(x) = \int K(x, y)\,[-f(y, \varphi)]\,dy$$

[1] Vgl. HAMMERSTEIN [7].

mit der Substitution $\psi(x) = -\varphi(x)$ auf

$$\psi(x) = \int K(x, y) f_1(y, \psi)\, dy,$$

also die ursprüngliche Gleichung mit f_1. Weiter läßt sich $(f)_2$ auf $(f)_1$ zurückführen: Sei $\gamma(x) = C\int K(x, y)\, dy$; wir setzen

$$f^*(x, u + \gamma) = f(x, u) + C \geqq 0;$$

aus (A) folgt in diesem Fall mit $\psi(x) = \varphi(x) + \gamma(x)$

$$\text{(A*)} \qquad \psi(x) = \int K(x, y) f^*(y, \psi)\, dy:$$

f^* genügt $(f)_1$.

Im Fall $(f)_2$ genügt es, bezüglich $u \leqq 0$ die schwächere Voraussetzung

$$f(x, u) \geqq -C \quad \text{in} \quad \{(x, u) : u \geqq -C\int K(x, y)\, dy\}$$

zu machen. — Wir subsumieren $(f)_1$ unter $(f)_3$, indem wir das $(f)_1$ genügende $f(x, u)$ für $u < 0$ durch $f(x, 0)$ ersetzen; das hat zur Folge, daß sich im Fall $(f)_1$ eine Lösung $\varphi \geqq 0$, im Fall $(f)_2$ eine Lösung $\varphi \geqq -\gamma(x)$ ergibt.

Damit bleibt der Satz unter der Voraussetzung $(f)_3$ zu beweisen; man sieht, daß der Satz 2.2 bereits in Satz 2.1 enthalten ist, falls $K(x, y)$ ein positiv definiter, nicht negativer Kern ist.

3.5. Wir setzen $K(x, y)$ zunächst als beschränkt[1] voraus. Nach Hilfssatz 2.1 wählen wir die Zahl $\varepsilon > 0$ so, daß für den kleinsten positiven Eigenwert λ_1 von $K_1(x, y) = K(x, y) + \varepsilon$ die Ungleichung

$$\text{(3.1)} \qquad k < \lambda_1$$

besteht [k die Konstante in $(f)_3$], was wegen $k < \lambda_0$ immer möglich ist. Dann gibt es eine (vordere) Eigenfunktion $e_1(x) \geqq 0$ des Kernes $K_1(x, y)$:

$$e_1(x) = \lambda_1 \int K_1(y, x)\, e_1(y)\, dy,$$

[1] Diese Voraussetzung ist wesentlich, da sonst der Definitionsbereich von (3.3) in der Norm (3.2) kein Banachraum wäre.

welche durch $\int e_1(x)\,dx = 1$ eindeutig festgelegt ist. Es ist offenbar

$$e_1(x) = \lambda_1 \int \{K(y, x) + \varepsilon\}\, e_1(y)\, dy \geqq \lambda_1 \varepsilon;$$

$e_1(x)$ ist stetig.[1] Wir betrachten jetzt den Raum $\boldsymbol{L}^1(\Omega)$ aller summierbaren ψ über Ω und normieren diesen Raum durch

$$\|\psi\| = \int e_1(x)\, |\psi(x)|\, dx. \tag{3.2}$$

Offenbar ist dies ein Banachraum $\boldsymbol{B}$; die Transformation

$$\chi(x) = \int K(x, y)\, f(y, \psi(y))\, dy \tag{3.3}$$

bildet $\boldsymbol{B}$ stetig und kompakt in sich ab, d. h. das (stetige) Bild jeder beschränkten Teilmenge von $\boldsymbol{B}$ ist kompakt. Besäße (A) keine Lösung $\varphi \in \boldsymbol{B}$, so hätte (3.3) keinen Fixpunkt; es gäbe nach Satz 1.3 eine Folge $\psi_l \in \boldsymbol{B}$ $(l = 1, 2, \ldots)$ mit

$$\psi_l(x) = \vartheta_l \int K(x, y)\, f(y, \psi_l(y))\, dy, \quad 0 < \vartheta_l < 1$$

und $\|\psi_l\| \to +\infty$; es führt aber

$$\begin{aligned} \|\psi_l\| = \int e_1(x)\,|\psi_l|\,dx &\leqq \vartheta_l \int\int e_1(x)\, K_1(x, y)\, |f(y, \psi_l)|\, dy\, dx \\ &\leqq \frac{\vartheta_l}{\lambda_1} \|f(\psi_l)\| \leqq \frac{1}{\lambda_1} (k\, \|\psi_l\| + C) \end{aligned} \tag{3.4}$$

wegen $k < \lambda_1$ für $\|\psi_l\| \to \infty$ zum Widerspruch.

Jede Lösung $\varphi \in \boldsymbol{B}$ von (A) ist wegen $(f)_3$ und der Beschränktheit von $K(x, y)$ beschränkt; darum ist $f(y, \varphi)$ beschränkt, also[1] $\varphi(x)$ stetig in Ω.

3.6. Für nicht beschränkte Kerne ergibt sich die Existenz einer stetigen Lösung von (A) wie folgt: Wir bilden die Kerne $K_n(x, y)$ wie in Hilfssatz 2.2 und ordnen jeder Gleichung

$$\varphi_n(x) = \int K_n(x, y)\, f(y, \varphi_n(y))\, dy \tag{A_n}$$

eine in Ω stetige Lösung φ_n zu, was nach 3.5 möglich ist. Bedeutet $e_1^{(n)}(x) \geqq \lambda_1^{(n)} \varepsilon$ die im Hilfssatz 2.1 erwähnte Eigen-

---

[1] Infolge der vorausgesetzten mittleren Stetigkeit von $K(x, y)$.

funktion, so ist infolge (3.4) und des Hilfssatzes 2.2

$$\|\varphi_n\|_n = \int e_1^{(n)} |\varphi_n| \, dx \leqq \left(\frac{k}{\lambda_1^{(n)}}\right) \|\varphi_n\|_n + \frac{C}{\lambda_1^{(n)}} < \left(\frac{k}{\lambda_1}\right) \|\varphi_n\|_n + \frac{C}{\lambda_1},$$

also $\quad \lambda_1 \varepsilon \int |\varphi_n| \, dx \leqq \int e_1^{(n)} |\varphi_n| \, dx < C(\lambda_1 - k)^{-1}$

und daher $\int |\varphi_n| \, dx$ beschränkt für alle $n = 1, 2, \ldots$ Daraus folgt, da f eine lineare Majorante besitzt, $\int |f(y, \varphi_n(y))| \, dy < C_1$ (C_1 unabhängig von n wie im folgenden C_2, C_3). Nach Voraussetzung[1] ist $K_n^{(2)}(x, y) \leqq K^{(2)}(x, y) = \int K(x, u) K(u, y) \, du$ beschränkt, also folgt aus (A_n)

$$\int K_n(x, y) |\varphi_n| \, dy \leqq C_1 \sup K^{(2)}(x, y) = C_2,$$

daher ist

$$|\varphi_n(x)| \leqq k \int K_n(x, y) |\varphi_n| \, dy + C \int K_n(x, y) \, dy$$
$$\leqq k C_2 + C \sup \int K(x, y) \, dy = C_3;$$

$\varphi_n(x)$ sind gleichmäßig beschränkt. Wir schreiben (A_n)

$$\varphi_n(x) = \int K(x, y) f(y, \varphi_n) \, dy - \int (K - K_n) f(y, \varphi_n) \, dy$$

und man sieht jetzt leicht, daß die Folge (φ_n) gleichmäßig konvergente Teilfolgen enthält. Jede Grenzfunktion ist eine in Ω stetige Lösung von (A).

Damit ist Satz 2.2 bewiesen.

3.7. Falls $f(x, u)$ monoton, z. B. nichtfallend in u ist, so läßt sich eine Lösung von (A) durch *sukzessive Approximation* bestimmen. Wir setzen dabei noch voraus, daß $\int K(x, y) f(y, 0) dy = \varphi_1(x)$ einerlei Vorzeichen besitzt in Ω; sei $\varphi_1(x) \geqq 0$. Wir setzen

(3.5) $\quad \varphi_{n+1}(x) = \int K(x, y) f(y, \varphi_n) \, dy; \quad \varphi_0 = 0 \quad (n = 1, 2, \ldots)$

Wegen $\varphi_1 - \varphi_0 \geqq 0$ folgt durch Induktion

$$\varphi_{n+1}(x) - \varphi_n(x) = \int K(x, y) [f(y, \varphi_n) - f(y, \varphi_{n-1})] \, dy \geqq 0,$$
$$(n = 1, 2, \ldots)$$

[1] Siehe Fußn. 1, S. 23.

so daß die Folge $\varphi_n(x)$ nicht fallend ist. Die summierbaren Funktionen $\varphi_n(x)$ besitzen gleichmäßig beschränkte Integrale; man findet analog zu (3.4), vgl. (3.2), $||\varphi_{n+1}|| \leqq \left(\frac{k}{\lambda_1}\right) ||\varphi_n|| + C$. Hieraus folgt mit $\frac{k}{\lambda_1} = q < 1$ durch Induktion

$$||\varphi_{n+1}|| < C\,(1-q)^{-1}.$$

Der B. LEVIsche Satz[1] besagt, daß φ_n fast überall konvergiert gegen eine summierbare Funktion φ für $n \to \infty$. Aus diesem Grunde konvergiert die rechte Seite von (3.5) für jedes $x \in \Omega$ gegen $\int K(x, y)\, f(y, \varphi)\, dy$, man hat also überall in Ω Gleichung (A) und $\varphi(x) \geqq 0$; im Falle $\varphi_1(x) \leqq 0$ gilt dieselbe Betrachtung[2] für die Folge $(-\varphi_n)$. Man kann übrigens wie in 3.6 die gleichmäßige Beschränktheit der φ_n zeigen; daher ist $\varphi(x)$ stetig und nach dem Satz von DINI die Konvergenz gleichmäßig.

3.8. Man kann sich fragen, inwieweit die in $(\mathrm{f})_1$ — $(\mathrm{f})_3$ stets enthaltene Bedingung $f(x, u) \leqq k\,u + C$ für $u \geqq 0$ $(k < \lambda_0)$ entbehrlich ist. Offenbar läßt sich die Schranke λ_0 für k nicht verbessern, wie das Beispiel der Funktion $f(x, u) = \lambda_0 u$ zeigt. Andererseits ist $(\mathrm{f})_1$ für die bei $K(x, y) \geqq 0$ zu erwartenden Kriterien charakteristisch; es zieht die Existenz einer Lösung $\varphi \geqq 0$ von (A) nach sich — über f braucht für $u < 0$ nichts vorausgesetzt zu werden.

Setzen wir jetzt der Einfachheit halber $K(x, y) > 0$, $f(x, u) \geqq 0$ sowie für $u > 0$ $f(x, u) \geqq k_1 u$ $(k_1 > \lambda_0)$ und $f(x, 0) \not\equiv 0$ voraus; letzteres, um die triviale Lösung $\varphi = 0$ auszuschließen. *Dann besitzt* (A) *sicher keine Lösung.* Im anderen Fall hätte man, wenn $e(x) > 0$ die zu λ_0 gehörige (vordere) Eigenfunktion bezeichnet, als Folge von (A)

$$\int e(x)\, \varphi(x)\, dx = \lambda_0^{-1} \int e(x)\, f(x, \varphi)\, dx \geqq \frac{k_1}{\lambda_0} \int e(x)\, \varphi(x)\, dx$$

mit $0 \leqq \varphi(x) \not\equiv 0$; dies ist wegen $k_1 > \lambda_0$ ein Widerspruch.

---

[1] Siehe Fußn. 1, S. 18.

[2] Bei nicht zunehmendem $f(x, u)$.

§ 4. *Eindeutigkeitssatz*

4.1. Den bekannten Eindeutigkeitskriterien[1] für (A) bei positiv definitem Kern, nämlich

1) $f(x, u)$ *sei (für jedes feste* $x \in \Omega$*) nicht zunehmend in* u;

2) $|f(x, u+v) - f(x, u)| \leqq \varkappa v, 0 < \varkappa < \lambda_1$, ($\lambda_1$ kleinster Eigenwert von $K(x, y)$) fügen wir für ihr Zeichen in $\Omega \times \Omega$ nicht wechselnde $K(x, y)$ das folgende hinzu:

Satz 2.3:

Vor.: *Es sei* $K(x, y)$ *quadratisch summierbar, im Mittel stetig und von einerlei Vorzeichen in* $\Omega \times \Omega$; $|\lambda_0| \leqq +\infty$ *der Betrag des absolut kleinsten, zum* λ*-Spektrum*[2] *von* $K(x, y)$ *gehörigen Wertes.* $f(x, u)$ *genüge bezüglich* u *einer Lipschitzbedingung mit der Konstanten* $\varkappa$, $0 < \varkappa < |\lambda_0|$.

Beh.: (A) *besitzt stets und genau eine (stetige) Lösung.*

Bew.: Wir nehmen o. B. d. A. $K(x, y) \geqq 0$ an; sei $K_1(x, y)$ wie in Hilfssatz 2.1 definiert mit der Eigenfunktion $e_1(x) > 0$ zum (kleinsten positiven) Eigenwert λ_1: $\varkappa < \lambda_1 < |\lambda_0|$.

Für die Differenz ψ zweier Lösungen von (A) hätte man

$$|\psi(x)| \leqq \varkappa \int K(x, y) |\psi(y)| \, dy,$$

$$\int e_1 |\psi| \, dx \leqq \frac{\varkappa}{\lambda_1} \int e_1 |\psi| \, dy,$$

woraus $\psi \equiv 0$. Die Existenz einer Lösung ergibt sich aus Satz 2.2, da aus der Lipschitzbedingung für $f(x, u)$ die Bedingung $(f)_3$ jenes Satzes folgt.

Zusatz:

Ist der Kern $K(x, y) \geqq 0$ *ohne Eigenwert, so besitzt* (A) *für jede Funktion* $f(x, u)$, *welche (bezüglich* u*) in* $\Omega \times E_1$ *einer Lipschitzbedingung genügt, stets und genau eine Lösung.*[3]

---

[1] HAMMERSTEIN [7], S. 126 (Satz 5 und 6).

[2] Siehe Fußn. 1, S. 14.

[3] Diese kann durch Iteration bestimmt werden; vgl. 3.7.

4.2. Es ist klar, daß die $\varkappa$-Schranke $|\lambda_0|$ nicht verbessert werden kann. Durch Anwendung der gleichen Methode auf $|K(x, y)|$ kann man einen dem Zusatz 2 von Theorem 2.2 entsprechenden Satz für Kerne $K(x, y)$ aufstellen, die nicht notwendig $\geqq 0$ sind; hierin ist das häufig in der Literatur[1] angegebene Eindeutigkeitskriterium: $\varkappa \max_{x \in \Omega} \int |K(x, y)| \, dy < 1$, enthalten.

§ 5. *Unterteilung einer Klasse stetiger $f(x, u)$ nach der Lösbarkeit der Gleichung* (A)

5.1. Mit HAMMERSTEIN[2] klassifizieren wir nun die in $\Omega \times E_1$ stetigen $f(x, u)$ nach ihrem Verhalten im Unendlichen und betrachten ausschließlich Funktionen, für welche ($x \in \Omega$ beliebig) bei $\lim u = \pm\infty$ je einer der folgenden Fälle eintritt:

$\lim u = +\infty$:	$\lim u = -\infty$:
a) $f(x, u) \to +\infty$	α) $f(x, u) \to +\infty$
b) $f(x, u) \to -\infty$	β) $f(x, u) \to -\infty$
c) $\vert f(x, u)\vert < \text{const}$	γ) $\vert f(x, u)\vert < \text{const}$

Die Klasse Φ dieser Funktionen — die z. B. alle Polynome in u enthält — zerfällt also in 9 Unterklassen, welche den Kombinationen (a α), (a β), ..., (c γ) entsprechen. Es ergibt sich[3]:

Bei positiv definitem, der Voraussetzung (K) *in Satz* 2.1 *genügendem Kern ist* (A) *für Funktionen $f(x, u)$ der Unterklassen von Φ*: (b α), (b γ), (c α) *und* (c γ) *stets lösbar, für die übrigen Unterklassen von Φ nicht stets lösbar.*

Bei nicht negativem, der Voraussetzung (K) *in Satz* 2.2 *genügendem Kern ist* (A) *für Funktionen der Unterklassen von Φ*: (b γ), (c α) *und* (c γ) *stets lösbar, für die übrigen Unterklassen nicht stets lösbar.*

---

[1] IGLISCH [9], S. 189; WEINSTEIN [25].

[2] [7], S. 121; IGLISCH [9], S. 176.

[3] Der erste Teil der Behauptung findet sich bei HAMMERSTEIN [7], wobei der Fall (*b* α) unentschieden blieb (vgl. Fußn. 5, S. 14).

An Hand der Kriterien (f) in den Sätzen 2.1 und 2.2 sieht man die Lösbarkeit von (A) für die genannten Unterklassen von Φ sofort ein. Gegenbeispiele[1] sind für die übrigen Unterklassen von HAMMERSTEIN angegeben worden; sie beziehen sich auf einen Kern $K(x, y) = h(x)\,h(y)$ mit $h(x) > 0$, der positiv definit und zugleich positiv ist; zum vollständigen Beweis der zweiten Aussage genügt es also, wenn wir ein weiteres Gegenbeispiel für $K(x, y) \geqq 0$ zur Unterklasse (b α) angeben, die bei positiv definitem Kern zu den lösbaren gehört.

Wenn das Grundgebiet $\Omega = [-\pi, \pi]$, $K(x, y) = 1 - \cos x \cos y \geqq 0$ ist, so ist die Integralgleichung

$$(*) \qquad \psi(x) + \pi^{-1} \int K(x, y)\, \psi(y)\, dy = \cos x$$

offensichtlich nicht lösbar; mit $\psi(x) - \cos x = \varphi(x)$, $f(x, u) = -\pi^{-1}(u + \cos x)$ geht (*) in eine Gleichung

$$\text{(A)} \qquad \varphi(x) = \int K(x, y)\, f(y, \varphi)\, dy$$

über, deren $f(x, u)$ der Unterklasse (b α) angehört.

5.2. Es sei hinzugefügt, daß sich die Unterklassen von Φ, bei denen *stets* Lösbarkeit von (A) vorliegt, bereits auf die einzige (c γ) reduzieren, wenn von $K(x, y)$ z. B. nur Symmetrie vorausgesetzt wird; andererseits ist für Funktionen dieser Unterklasse (A) stets lösbar, wofern nur die rechte Seite dieser Gleichung eine stetige, kompakte Transformation eines BANACHschen Raumes in sich darstellt. Dies ist in der Literatur vielfach gezeigt worden und eine der ersten Anwendungen des Fixpunktsatzes auf die Analysis gewesen.[2]

§ 6. *Singuläre Kerne*

6.1. Der Fall einer Gleichung (A) mit *singulärem Kern*[3] scheint bisher kaum studiert worden zu sein; der Grund ist wohl darin zu sehen, daß die Methode vollstetiger Abbildungen in B-Räumen (vgl. I.3.1) nicht mehr anwendbar ist. Man kann sich indessen der schwachen Topologie bedienen; in diesem

[1] HAMMERSTEIN [7], S. 138ff.

[2] Vgl. BIRKHOFF-KELLOGG [1].

[3] Das heißt, welchem keine vollstetige (lineare) Transformation entspricht.

Fall gilt das folgende, bereits von SCHAUDER[1] bewiesene Theorem ($\boldsymbol{B}$ ein Banachraum):

Die konvexe, schwachabgeschlossene und schwachkompakte Menge $\mathfrak{K} \subset \boldsymbol{B}$ *werde durch* $F(X)$ *(folgen-) schwachstetig in sich abgebildet. Dann gibt es ein* $X_0 = F(X_0) \in \mathfrak{K}$.

Eine gewisse Schwierigkeit in der Anwendung auf (A) besteht lediglich darin, die Schwachstetigkeit der (Teil-) Abbildung $f(\varphi)$ nachzuweisen; lediglich im Raum $\boldsymbol{C}$ aller stetigen Funktionen über Ω ergibt jede (i. gew. Sinn) stetige Funktion eine schwachstetige Abbildung. Wir geben im folgenden zwei Typen von Voraussetzungen an, die Lösbarkeit von (A) gewährleisten.

6.2.

Satz 2.4:

(H'): *$f(x, u)$ sei stetig und $|f| \leqq M$ in $\Omega \times I$, $I = [-M, M]$; $\chi(x) = \int K(x, y)\, \psi(y)\, dy$ bilde den Raum $\boldsymbol{L}^\infty(\Omega)$ in $\boldsymbol{C}(\Omega)$ ab mit $\int |K(x, y)|\, dy \leqq 1$.*

(H''): *$f(x, u)$ sei stetig und $|f| \leqq M$ in $\Omega \times E_1$; $\chi(x) = \int K(x, y)\, \psi(y)\, dy$ bilde den Raum $\boldsymbol{L}^\infty(\Omega)$ in $\boldsymbol{L}^1(\Omega)$ ab mit summierbarem $\int |K(x, y)|\, dy$.*[2]

Beh.: *Ist* (H') *bzw.* (H'') *erfüllt, so besitzt* (A) *eine Lösung* $\varphi \in \boldsymbol{C}(\Omega)$ *bzw.* $\varphi \in \boldsymbol{L}^1(\Omega)$.

6.3. Beweis für (H'): Wir betrachten die Menge $\mathfrak{K} \subset C(\Omega)$:

$$(*) \qquad \chi(x) = \int K(x, y)\, \psi(y)\, dy, \quad |\psi| \leqq M.$$

Das (offenbar konvexe) $\mathfrak{K}$ ist (in sich) schwachkompakt, also auch schwachabgeschlossen. Um das einzusehen, betrachten wir irgendeine Folge $\chi_\nu \in \mathfrak{K}$ ($\nu = 1, 2, \ldots$). Die (χ_ν) nach (*) entsprechende Folge (ψ_ν) enthält nach bekannten Sätzen eine Teilfolge ψ_{ν_i}, so daß

$$(**) \qquad \lim_{i \to \infty} \int p(y)\, \psi_{\nu_i}(y)\, dy = \int p(y)\, \psi(y)\, dy$$

---

[1] SCHAUDER [*21*].

[2] CARLEMAN [*3*] verlangt in seiner Theorie (linearer, singulärer Integralgleichungen) unter anderem, daß $\int |K((x, y)|^2\, dy$ fast überall existiert. — Ω sei jetzt eine meßbare Menge, die *nicht notwendig endliches Maß* besitzt.

für jedes summierbare $p(y)$. Setzt man in (**) $p(y) = K(x, y)$, so gilt also $\lim \chi_{\nu_i} = \chi$ überall in Ω; übrigens ist $|\psi| \leqq M$, daher $|\chi_\nu| \leqq M$, $|\chi| \leqq M$. Das bedeutet $\chi_{\nu_i} \to \chi$, womit die schwache Kompaktheit von $\mathfrak{K}$ (in sich) bewiesen ist. Ist nun $\chi_\nu \rightharpoonup \chi$,[1] so ist offenbar $f(x, \chi_\nu) \rightharpoonup f(x, \chi)$, d. h. $\int K(x, y) f(y, \chi)\, dy$ bildet $\mathfrak{K}$ schwachstetig in sich ab. Damit ist der erste Teil von Satz 2.4 bewiesen.

6.4. Beweis für (H''): Wie in 6.3. betrachten wir eine konvexe Menge (*) $\mathfrak{K} \subset \boldsymbol{L}^1(\Omega)$, wo jetzt $K(x, y)$ (H'') genügt. Man zeigt die schwache In-sich-Kompaktheit von $\mathfrak{K}$ so: Gegeben sei eine Folge $\chi_\nu \in \mathfrak{K}$; es gibt eine Teilfolge ψ_{ν_i} der zugehörigen ψ_ν und ein ψ, $|\psi| \leqq M$, das genau (**) genügt. Setzen wir in (**) $p(y) = K(x, y)$, so ist [da $\int |K(x, y)|\, dy$ endlich für fast alle $x \in \Omega$] $\lim \chi_{\nu_i} = \chi$ fast überall in Ω, $|\chi_{\nu_i}| \leqq M \int |K(x, y)|\, dy$, d. h. es ist $\int \chi_{\nu_i} \psi_1\, dx \to \int \chi \psi_1\, dx$ für alle $\psi_1 \in \boldsymbol{L}^\infty$, also $\chi_{\nu_i} \rightharpoonup \chi$ in $\boldsymbol{L}^1$; $\chi \in \mathfrak{K}$. Ähnlich ergibt sich die Schwachstetigkeit von $\int K(x, y) f(y, \chi)\, dy$ in $\mathfrak{K}$; da $\mathfrak{K}$ ersichtlich schwachabgeschlossen ist und in sich abgebildet wird, ist Satz 2.4 bewiesen.

III. ABSCHNITT

§ 1. *Algebraische Integralgleichungen*

1.1. Es seien $\boldsymbol{B}, \boldsymbol{B}_i$ $(i = 1, \ldots, r)$ $r + 1$ Banachräume; sind f_i stetige, beschränkte Abbildungen $\boldsymbol{B} \to \boldsymbol{B}_i$, K_i kompakte lineare Abbildungen der $\boldsymbol{B}_i \to \boldsymbol{B}$, so stellt

$$\chi = \sum_{i=1}^{r} K_i f_i(\psi), \quad \psi \in \boldsymbol{B}$$

eine stetige, kompakte Abbildung von $\boldsymbol{B}$ in sich dar. Die Gleichung

$$\text{(\underline{A})} \qquad \psi = \sum_{i}^{1 \cdots r} K_i f_i(\psi) = F(\psi)$$

[1] Wir bezeichnen die schwache Konvergenz im folgenden mit: $\rightharpoonup$.

ist eine Verallgemeinerung von (A), die eine umfangreiche Klasse algebraischer Integralgleichungen (im Sinne von SCHMEIDLER[1]) als Spezialfall enthält. Sie besitzt nach Satz 1.3 eine Lösung in $\boldsymbol{B}$, wenn die Normen der möglicherweise vorhandenen Lösungen von $\psi = \lambda F(\psi)$ $(0 < \lambda < 1)$ eine gemeinsame Schranke besitzen. Für die Klasse der algebraischen Integralgleichungen läßt sich dies in einigen Fällen leicht zeigen.

1.2. Nach SCHMEIDLER heißt

$$(\underline{\mathrm{A}}_1) \qquad P(\varphi) = K[\varphi]$$

eine *algebraische Integralgleichung*, wenn $P(\varphi) = \sum_{\mu=0}^{m} a_\mu(x)\,\varphi^\mu$,

$$(1.1)\quad K[\varphi] = \sum_{\varkappa+\alpha_1+\cdots\alpha_\nu \leqq n}^{(r)} \int_\Omega \cdots \int_\Omega K_{\varkappa\alpha_1\cdots\alpha_\nu}(x; y^1, \ldots, y^\nu)\,\varphi^\varkappa \varphi_1^{\alpha_1} \cdots \varphi_\nu^{\alpha_\nu} \cdots dy^1 \cdots dy^\nu .$$

Es bedeutet: $\varphi^\varkappa = [\varphi(x)]^\varkappa$, $\varphi_1^{\alpha_1} = [\varphi(y^1)^{\alpha_1}] \ldots$; $\varkappa, \alpha_1, \ldots, \alpha_\nu$ nichtnegative ganze Zahlen. Die ganzen Zahlen $m \geqq 1$, $n \geqq 0$ seien als *äußerer* bzw. *innerer* Grad von (A_1) bezeichnet. Wir machen bezüglich $(\underline{\mathrm{A}}_1)$ die Voraussetzungen:

(V_1): $a_\mu(x)$ $(\mu = 1, \ldots, m)$ *seien in einem (abgeschlossenen, beschränkten) Grundbereich* $\Omega \subset R^k$ *beliebiger Dimension* k *stetig, ebenso die* $K_{\varkappa\alpha_1\cdots\alpha_\nu}$ *in* $\underbrace{\Omega \times \Omega \times \cdots \times \Omega}_{\nu+1}$.

(V_2): *Es sei* $a_m \neq 0$ *und* $P(\varphi)$ *monoton* (i. w. S.) für alle (reellen) φ.[2]

(V_3): *In sämtlichen Summanden von* $K[\varphi]$ *sei* $\varkappa = 0$.[3]

Wir führen unter diesen Voraussetzungen (V) $(\underline{\mathrm{A}}_1)$ auf $(\underline{\mathrm{A}})$ zurück. Sei $\boldsymbol{B}$ der Raum über Ω stetiger Funktionen $\varphi(x) \mid \Omega : \|\varphi\| = \sup |\varphi|$. Die Anzahl der in (1.1) auftretenden Summanden sei r; ist $(\varkappa, \alpha_1, \ldots, \alpha_\nu) = (0, \alpha_1, \ldots, \alpha_\nu)$ die i-te der r Kombinationen,

---

[1] SCHMEIDLER [22], wo $(\underline{\mathrm{A}}_1)$ insbesondere auf positive Lösungen hin studiert wird.

[2] Monoton im weiteren Sinne bezüglich φ für jedes feste $x \in \Omega$.

[3] Andernfalls ist $K[\varphi]$ in der benutzten Topologie nicht kompakt.

so setzen wir $\underline{f}_i(\varphi) = \varphi(y^1)^{\alpha_1} \ldots \varphi(y^\nu)^{\alpha_\nu}$ und $\boldsymbol{B}_i$ gleich dem B-Raum aller in $\Omega_i = \underbrace{\Omega \times \Omega \times \cdots \times \Omega}_{\nu}$ stetigen Funktionen $f(z_1, \ldots, z_\nu)$. $\boldsymbol{B}_i$ wird in geläufiger Weise normiert [offenbar sind die $\underline{f}_i(\varphi)$ in $\boldsymbol{B}$ stetig]. Ersichtlich ist jeder Summand in (1.1) eine kompakte lineare Transformation von $\boldsymbol{B}_i \to \boldsymbol{B}$; setzen wir schließlich $P(\varphi) = \psi$, $\varphi = w(\psi)$, $\underline{f}_i(\varphi) = f_i(\psi)$, so ist ($\underline{\text{A}}_1$) auf ($\underline{\text{A}}$) bei Gültigkeit der in 1.1 angebenen Voraussetzungen zurückgeführt.

1.3. Die algebraische Integralgleichung ($\underline{\text{A}}_1$) heiße vom VOLTERRA*schen Typus* (*in* $x_0 \in \Omega$), wenn in (1.1) jeder Summand die Form hat

$$\int_{\Omega_1}\int_{\Omega_2}\cdots\int_{\Omega_\nu} K_{\alpha\alpha_1\cdots\alpha_\nu}(x;\, y^1 \cdots y^\nu)\, \varphi^\alpha\, \varphi_1^{\alpha_1} \cdots \varphi_\nu^{\alpha_\nu}\, dy^\nu \cdots dy^1, \tag{1.2}$$

wo $\Omega_1 \supset \Omega_2 \supset \cdots \supset \Omega_\nu$; $\Omega_1(x)$ von x abhängt ($\Omega_1(x) \subset \Omega$) und es einen festen Punkt $x_0 \in \Omega$ gibt, so daß $\Omega_1(x)$ einer vorgegebenen Umgebung von x_0 (in R^k) angehört für $\|x - x_0\| < \delta$ bei geeignetem $\delta > 0$.[1] Beispiele VOLTERRAscher Integraltransformationen sind:

$$\int_a^x \int_a^{y_1} \cdots \int_a^{y_\nu} K_{\alpha\alpha_1\cdots\alpha_\nu}(x;\, y^1 \cdots y^\nu)\, \varphi^\alpha\, \varphi_1^{\alpha_1} \cdots \varphi_\nu^{\alpha_\nu}\, dy^\nu \cdots dy^1$$ [2]

($a \leqq y^\nu \leqq \cdots \leqq y^1 \leqq x \leqq b$), $x_0 = a$, $\Omega = [a, b] \subset R$; sowie ($k = 2$)

$$\int_0^x \int_0^y K(x, y;\, \xi, \eta)\, \varphi^{\alpha_1}(\xi, \eta)\, d\xi\, d\eta$$

mit $\Omega_1(x, y) = \{(\xi, \eta) : 0 \leqq \xi \leqq x, 0 \leqq \eta \leqq y\}$, $\Omega = \{0 \leqq x, y \leqq 1\}$, $x_0 = (0, 0)$.

Man kann leicht zeigen, daß die zu einem VOLTERRAschen Kern gehörige lineare Integraltransformation niemals einen Eigenwert (im Sinne von FREDHOLM) besitzt, vgl. II.3.3. Offenbar läßt sich (1.2) dem früheren Fall formal unterordnen.

---

[1] Kurz: Ω_1 ziehe sich für $x \to x_0$ auf x_0 zusammen.

[2] Vgl. SCHMEIDLER [*22*], S. 33.

§ 2. *Existenzsätze*

2.1. Für $P(\varphi) = \varphi$, $K_{x\alpha_1\cdots\alpha_\nu} = K_{0\nu} = K(x, y)\, c_\nu(y)$ ist $(\underline{A}_1)$ vom Typ (A) [man hat $r = n$ und in (A) $f(x, \varphi) = \sum_n c_\nu(x)\, \varphi^\nu$ zu setzen].

Aus II.5.2 folgt jetzt, daß $(\underline{A}_1)$ für $m \leqq n$ im allgemeinen nicht lösbar ist. Allgemeine Existenzsätze gelten dagegen für $m > n$, d. h. wenn der äußere Grad größer als der innere ist und im VOLTERRAschen Fall.

2.2.

Satz 3.1:

(V): *Es seien die Voraussetzungen* (V) (vgl. 1.2) *erfüllt und* $m > n$.

Beh.: $(\underline{A}_1)$ *besitzt eine in Ω stetige (reelle) Lösung.*

Bew.: Nach 1.2. genügt es, die Lösbarkeit von $(\underline{A})$ unter den in 1.1. angegebenen Bedingungen zu zeigen. Besäße $(\underline{A})$ keine Lösung $\psi \in \boldsymbol{B}$, so gäbe es nach Satz 1.3 eine Folge stetiger $\psi_l (l = 1, 2, \ldots)$ mit $\psi_l = \vartheta_l F(\psi_l)$, $\|\psi_l\| \to +\infty$, also auch eine Folge stetiger $\varphi_l = w(\psi_l)$ mit $P(\varphi_l) = \vartheta_l K[\varphi_l]$, $0 < \vartheta_l < 1$, und $\|\varphi_l\| \to \infty$. Aus der letzten Gleichung folgt das Bestehen einer Abschätzung $\|\varphi_l\|^m \leqq \vartheta_l C \|\varphi_l\|^n$, die für $m > n$ mit $\|\varphi_l\| \to \infty$ nicht verträglich ist.

Zusatz 1:

Es seien die Vor. (V) *erfüllt, jedoch $P(\varphi)$ nicht abnehmend* (nur) *für $\varphi > 0$; ferner sei $K[\varphi] \geqq P(0)$ für $\varphi > 0$. Dann existiert eine stetige Lösung $\varphi \geqq 0$ von $(\underline{A}_1)$.*

Zusatz 2:

Satz 3.1 bleibt für $m = n$ bestehen, wenn die im Beweis des Satzes auftretende (nur von den a_μ und $K_{x_1\cdots x_\nu}$ abhängende) Konstante $C \leqq 1$ ausfällt.

Beweis zu Zusatz 1: Es sei $P(0) \geqq -c$; offenbar ist $K[\varphi] + c \geqq 0$ für $\varphi > 0$; wir setzen (vgl. II.3.4) $K^*[\varphi] = K[\varphi^*] + c$,

$\varphi^* = \frac{1}{2}(|\varphi| + \varphi)$ und betrachten die Gleichung $P^*(\varphi) = P(\varphi) + c = K^*[\varphi]$, die mit $(\underline{A}_1)$ für $\varphi \geqq 0$ äquivalent ist. Die Gleichung $P^*(\varphi) = K^*[\varphi]$ besitzt offenbar eine positive Lösung.

Zusatz 2 braucht nicht besonders bewiesen zu werden.

2.3. Der folgende Satz ist im Grunde lokaler Natur und kann mit sehr einfachen Hilfsmitteln bewiesen werden. Wir erwähnen ihn wegen seiner Bedeutung für die Anwendungen.[1]

Satz 3.2:

(V): *Es seien* $(V_1), (V_3)$ *erfüllt,* $\frac{\partial P}{\partial \varphi} > 0$ *in* $\{(x, \varphi): x \in \Omega, \varphi > 0\}$, $a_0(x_0) < 0$. $K[\varphi]$ *sei in* $x_0 \in \Omega$ *vom* VOLTERRA*schen Typus* (vgl. 1.3) *und* $m \gtreqless n$.

Beh.: *In einem genügend kleinen,* x_0 *enthaltenden, Bereich* $\Omega^* \subset \Omega$ *besitzt* $(\underline{A}_1)$ *eine eindeutig bestimmte positive, stetige Lösung.*

Bew.: Sei $-a_0(x_0) = \alpha_0 > 0$. Wir wählen das x_0 enthaltende Ω^* so klein, daß in Ω^*: $\frac{1}{2}\alpha_0 \leqq -a_0(x) \leqq \frac{3}{2}\alpha_0$. Infolge $\frac{\partial P}{\partial \varphi} > 0$ ist $P_1(\varphi) = P(\varphi) - a_0 > 0$ falls $\varphi > 0$ und $P_1(\varphi) = \chi$ besitzt für jedes stetige $\chi \geqq 0$ eine eindeutig bestimmte stetige Auflösung $\varphi = \pi_1(\chi) \geqq 0$. Wir betrachten die Gleichung

$$(*) \qquad \chi = -a_0(x) + K[\pi_1(\chi)] = \Phi(\chi)$$

und engen Ω^* nötigenfalls so weit ein, daß $\|K[\pi_1(\chi)]\| \leqq \frac{1}{2}\alpha_0$ für $\|\chi\| \leqq 2\alpha_0$. Auf der Kugel $\|\chi\| = 2\alpha_0$ kann es kein χ geben, für welches $\chi = \vartheta\,\Phi(\chi)$ mit $0 < \vartheta < 1$; man hätte andernfalls

$$2\alpha_0 = \|\chi\| = \vartheta\,\|-a_0(x) + K[\pi_1(\chi)]\| \leqq \vartheta\left(\frac{3}{2}\alpha_0 + \frac{1}{2}\alpha_0\right) = 2\vartheta\alpha_0.$$

Daher besitzt die Gleichung (*) eine stetige Lösung $\chi \geqq 0$, $\|\chi\| \leqq 2\alpha_0$. Die Eindeutigkeit von χ zeigt man bekannterweise;

[1] Vgl. SCHMEIDLER [22], § 2.

daraus folgt die Eindeutigkeit von φ unter der Voraussetzung $\varphi \geqq 0$.

2.4. Wenn $f(x, u) = \sum_{\nu=1}^{n} c_\nu(x)\, u^\nu$, also

$$\text{(A)} \qquad \varphi(x) = \int K(x, y) \sum_{1}^{n} c_\nu(y)\, \varphi^\nu(y)\, dy$$

eine algebraische Integralgleichung ist, so ist im allgemeinen (vgl. II.5.1, II.5.2) diese Gleichung nicht lösbar — wenigstens solange die zu $K(x, y)$ gehörige lineare Integraltransformation vollstetig ist. Betrachtet man singuläre Kerne, so ändert sich dieser Sachverhalt. Es besitze z. B. die in (A) auftretende lineare Transformation K eine Inverse K^{-1},[1] die der Voraussetzung (H′) in Satz II.4 genügt. Dann ist (A) für jedes (i. w. S.) monotone Polynom $\sum c_\nu u^\nu$, $c_n \neq 0$, $n \geqq 2$, durch eine stetige Funktion lösbar. Der Beweis ergibt sich leicht nach der Substitution $f(\varphi) = \chi$, $\varphi = h(\chi)$ und Betrachtung der Gleichung

$$\chi = K^{-1} h(\chi)$$

nach Satz 2.4.

§ 3. *Ein Satz über die Lösungsmenge algebraischer Integralgleichungen*

3.1. Der besondere Fall einer algebraischen Integralgleichung

$$(\underline{\mathrm{A}}_2) \qquad \varphi(x) = \int_{\Omega} K(x, y) \sum_{\nu=0}^{n} c_\nu(y)\, \varphi^\nu(y)\, dy = K f(\varphi),$$

$f(x, u) = \sum c_\nu(x)\, u^\nu$, gestattet folgende Bemerkung: Ist die lineare Transformation K von endlichem Rang[2], so ist die Lösungsmannigfaltigkeit von ($\underline{\mathrm{A}}_2$) mit derjenigen eines algebraischen Gleichungssystems identisch. Dabei entsprechen reelle und komplexe Lösungen einander, wenn $K(x, y)$, $c_\nu(x)$ als reell vorausgesetzt werden. Wir machen bezüglich ($\underline{\mathrm{A}}_2$) die genauere Voraussetzung:

---

[1] K ist notwendig *nicht vollstetig*, sofern $\boldsymbol{B}$ unendliche Dimension besitzt.

[2] Das heißt die Bildmenge $K(\boldsymbol{B})$ endlichdimensional.

(V*): *$c_\nu(x)$ seien stetig in Ω; $K = \int K(x, y)[\,]\,dy$ transformiere $\boldsymbol{C}(\Omega)$ vollstetig in sich, wo $\boldsymbol{C}(\Omega)$ den (B-) Raum aller in Ω stetigen, komplexwertigen Funktionen bedeute.*

Bekanntlich läßt sich K durch Transformationen endlichen Ranges K_p (der Norm nach) beliebig approximieren: $\|K - K_p\| \to 0$ für $p \to \infty$.

3.2. Wir fragen nach dem Zusammenhang zwischen den Lösungen von

$$(\underline{\mathrm{A}}_2^p) \qquad \varphi_p(x) = \int K_p(x, y) \sum_1^n c_\nu(y)\, \varphi_p^\nu(y)\, dy = K_p f(\varphi_p) \qquad (p = 1, 2 \ldots)$$

und denen von $(\underline{\mathrm{A}}_2)$. Bezeichnen wir die Menge aller Lösungen $\varphi_p \in \boldsymbol{C}$ von $(\underline{\mathrm{A}}_2)$ für sämtliche $p = 1, 2, \ldots$ mit $\mathfrak{L} \subset \boldsymbol{C}$, die aller Lösungen $\varphi \in \boldsymbol{C}$ von $(\underline{\mathrm{A}}_2)$ mit Λ, ferner mit $\overline{\mathfrak{L}}$ die abgeschlossene Hülle von $\mathfrak{L}$ (bezüglich der starken Topologie in $\boldsymbol{C}$), so gilt:

Satz 3.3:

(V*): *Es sei die Voraussetzung* (V*) (vgl. 3.1) *erfüllt.*

Beh.: *Es ist $\overline{\mathfrak{L}} - \mathfrak{L} \subset \Lambda \subset \overline{\mathfrak{L}}$.*

Darüber hinaus ist für die Lösbarkeit von $(\underline{\mathrm{A}}_2)$ in $\boldsymbol{C}$ notwendig und hinreichend, daß zu schließlich allen natürlichen Zahlen p eine Folge gleichmäßig beschränkter Lösungen $\varphi_p \in \boldsymbol{C}$ von $(\underline{\mathrm{A}}_2^p)$ vorhanden ist.

Zusatz:

Ist $(\underline{\mathrm{A}}_2)$ lösbar, so gibt es zu jedem φ_{p_0} mit genügend hohem Index p_0 ein $\varrho_0 > 0$, so daß die Gesamtheit der in der Kugel $\|\varphi - \varphi_{p_0}\| < \varrho_0$ gelegenen $\varphi \in \Lambda$ sich aus φ_{p_0} durch sukzessive Approximation und eventuelle Auflösung eines Systems von Verzweigungsgleichungen bestimmt.[1] *Umgekehrt gibt es zu jedem $\varphi \in \Lambda$ eine*

---

[1] Wir betrachten ausschließlich in diesem Paragraphen auch komplexwertige Funktionen über Ω.

Umgebung (in **C**), *in welcher wenigstens je eine Lösung von* ($\underline{\mathrm{A}}_2^p$) *für schließlich alle* p *liegt; die Gesamtheit dieser* $\varphi_p \in \mathfrak{L}$ *bestimmt sich aus* φ *ebenso.*

Besonders bemerkenswert an diesem Satz ist die Aussage $\Lambda \subset \overline{\mathfrak{L}}$.

3.3. Beweis zu: $\overline{\mathfrak{L}} - \mathfrak{L} \subset \Lambda$. Es sei $\varphi \in \overline{\mathfrak{L}} - \mathfrak{L}$; dann gibt es eine Folge $\varphi_{p_i} \in \mathfrak{L}$, $\varphi_{p_i} \to \varphi$ $(i = 1, 2, \ldots)$. Offenbar konvergiert

$$\varphi_{p_i} = K_{p_i} f(\varphi_{p_i}) = K f(\varphi_{p_i}) + (K_{p_i} - K)\, f(\varphi_{p_i})$$

infolge $\|K_{p_i} - K\| \to 0$ gegen eine Lösung von ($\underline{\mathrm{A}}_2$), d. h. $\varphi \in \Lambda$. Zum Beweis des 1. Teils im Zusatz sei φ_{p_i} eine beschränkte Folge $\subset \mathfrak{L}$, die also notwendig kompakt ist; wir können annehmen, daß $\varphi_{p_i} \to \varphi$ konvergiert und die p_i paarweise verschieden sind. Zu beweisen ist, daß sich φ oder $\varphi - \varphi_{p_i} = \psi_i$ unter den Lösungen einer Integralgleichung befindet, die der SCHMIDTschen Methode[1] zugänglich ist (p_i ein genügend hoher Index).

Man hat infolge

$$\varphi = K f(\varphi), \quad \varphi_{p_i} = K_{p_i} f(\varphi_{p_i}), \quad \text{mit} \quad K = K_{p_i} + H_{p_i},$$

$$f_1(\psi_i) = f(\varphi) - f(\varphi_{p_i}) = f'(\varphi_{p_i})(\varphi - \varphi_{p_i}) + \\ + \frac{1}{2} f''(\varphi_{p_i})(\varphi - \varphi_{p_i})^2 + \cdots,$$

$$\psi_i = K_{p_i} f_1(\psi_i) + H_{p_i} f(\varphi) = K f_1(\psi_i) + H_{p_i} f(\varphi_{p_i}).$$

Diese Gleichung hat die behauptete Eigenschaft, da alle im ersten Term auftretenden gegebenen Größen von i unabhängige Schranken besitzen und der zweite Term $\Rightarrow 0$ konvergiert für $i \to \infty$.

3.4. Beweis zu: $\Lambda \in \overline{\mathfrak{L}}$. Es sei $\varphi \in \mathfrak{L}$. Wir haben eine Folge φ_{p_i} zu bestimmen, für welche $\varphi_{p_i} \to \varphi$. Für das gesuchte $\varphi_{p_i} = \varphi + u_i$ oder für u_i ergibt sich mit denselben Bezeichnungen wie in 3.3,

[1] E. SCHMIDT [23].

jedoch

$$f_1(u_i) = f(\varphi_{p_i}) - f(\varphi) = f'(\varphi)(\varphi_{p_i} - \varphi) + \frac{1}{2} f''(\varphi)(\varphi_{p_i} - \varphi)^2 + \cdots,$$

$$u_i = K_{p_i} f_1(u_i) - H_{p_i} f(\varphi) = K f_1(u_i) - H_{p_i} f_1(u_i) - H_{p_i} f(\varphi).$$

Diese Gleichung besitzt für schließlich alle i wegen $||H_{p_i}|| \to 0$ Lösungen u_i, für welche $||u_i|| \to 0$ $(i \to \infty)$; wesentlich ist, daß man für die Folge p_i sogar fast alle natürlichen Zahlen wählen kann. Der Verzweigungsfall tritt ein, wenn (und nur wenn) der Kern $K_1(x, y) = K(x, y) f'(y, \varphi(y))$ den Eigenwert 1 besitzt, d. h. wenn φ eine mehrfache Lösung von $(\underline{A}_2)$ darstellt. — Damit ist Satz 3.3 vollständig bewiesen.

3.5. Man kann insbesondere fragen, wann $(\underline{A}_2)$ eine eindeutige Lösung besitzt. Dieser Fall tritt nach Satz 3.3. z. B. dann ein, wenn $\overline{\mathfrak{L}} - \mathfrak{L}$ einpunktig und $\Lambda \cap \mathfrak{L} = 0$ ist; es ist dann nämlich sogar $\Lambda \subset \overline{\mathfrak{L}} - \mathfrak{L}$, also (da stets $\overline{\mathfrak{L}} - \mathfrak{L} \subset \Lambda$) $\Lambda = \overline{\mathfrak{L}} - \mathfrak{L}$. Ein anderes Eindeutigkeitskriterium ist, wenn mit $\mathfrak{L}_p$ die Lösungsmenge[1] von $(\underline{A}_2^p)$ bezeichnet wird, das folgende: Es seien die $\mathfrak{L}_p$ $(p = 1, 2, \ldots)$ höchstens einpunktig, $\mathfrak{L} = \bigcup^{1 \ldots \infty} \mathfrak{L}_p$ beschränkt und $\overline{\mathfrak{L}} - \mathfrak{L} \neq 0$; dann ist $\Lambda \neq 0$ einpunktig. Allgemeiner: Wenn $(\underline{A}_2^p)$ für eine unendliche Folge p_i $(i = 1, 2, \ldots)$ eindeutig lösbar ist und die $||\varphi_{p_i}||$ gleichmäßig beschränkt sind, so ist $(\underline{A}_2)$ eindeutig lösbar. Denn in diesem Fall ist notwendig $\overline{\mathfrak{L}} - \mathfrak{L} \neq 0$; besäße Λ (mindestens) 2 Elemente φ, φ', so wären (nach dem 2. Teil des Zusatzes) schließlich alle $\mathfrak{L}_p$ mindestens zweipunktig, entgegen der Annahme. Ersichtlich sind (das eindeutige) φ und schließlich alle φ_p einfache Lösungen; sind φ_p alle reell, so auch φ. Ein Beispiel für eindeutige Lösbarkeit im Reellen bietet (nach II.2.2, II.4.1) ein positiv definiter, beschränkter Kern, wenn $f(x, u) = \sum_1^n c_\nu u^\nu$ nicht zunehmend ist (in u).

3.6. Die Betrachtungen dieses Paragraphen lassen sich auf die Gleichung $(\underline{A}_1)$ (vgl. 1.2) übertragen, wenn dort $P(\varphi) \equiv \varphi$ ist.

[1] Kriterien für die Existenz reeller Lösungen von $\varphi_p = K_p f(\varphi_p)$ hat IGLISCH [9] angegeben.

LITERATUR

[1] Birkhoff, G. D., u. O. D. Kellogg: Invariant points in function space. Trans. A. M. S. **23** (1922), 96—118.

[2] Bourbaki, N.: Élém. de math. I. Part., livre V: Espaces vectoriels topologiques (Paris 1953).

[3] Carleman, T.: Sur les équations intégrales singulières à noyau symétrique (Uppsala 1923).

[4] Dolph, C. L.: Nonlinear integral equations of the Hammerstein type. Trans. A. M. S. **66** (1949), 298—307.

[5] Golomb, M.: Zur Theorie der nichtlinearen Integralgleichungen, Integralgleichungssysteme und allgemeiner Funktionalgleichungen. Math. Zeitschr. **39** (1935), 45—75.

[6] Golomb, M.: Über Systeme von nichtlinearen Integralgleichungen. Publ. math. Univ. Belgrade **5** (1936), 52—83.

[7] Hammerstein, A:. Nichtlineare Intergralgleichungen nebst Anwendungen Acta math. **54** (1930), 117—176.

[8] Hellinger, E., u. O. Toeplitz: Grundlagen für eine Theorie der unendlichen Matrizen. Math. Ann. **69** (1910), 289—330.

[9] Iglisch, R.: Existenz- und Eindeutigkeitssätze bei nichtlinearen Integralgleichungen. Math. Ann. **108** (1933), 161—189.

[10] Jentzsch, R.: Über Integralgleichungen mit positivem Kern. J. reine u. angew. Math. **141** (1912), 235—244.

[11] Knaster, B., C. Kuratowski u. S. Mazurkiewicz: Ein Beweis des Fixpunktsatzes für n-dimensionale Räume. Fund. Math. **14** (1929), 132—137.

[12] Kolmogoroff, A.: Zur Normierbarkeit eines allgemeinen topologischen linearen Raumes. Stud. math. **5** (1934), 29—34.

[13] Красносельский, М. А.: Новые теоремы существования решений у нелинейных интегралных уравнений. Докл. Ак. Наук СССР 88 (6) (1953), 949—952.

[14] Leray, J., u. J. Schauder: Topologie et equations fonctionnelles. Ann. ec. norm. sup. **51** (1934), 45—78.

[15] Niemytzki, V.: Sur les équations intégrales non linéaires. C. R. **196** (1933), 836—838.

[16] Niemytzki, V.: Theorèmes d'existence et d'unicité des solutions de quelques équations intégrales non linéaires. Rec. math. Moscou **41** (1934), 421—348.

[17] NIEMYTZKI, V.: Sur les équations intégrales non linéaires comparables aux équations linéaires. C. R. (Doklady) Acad. Sci. URSS (2), **15** (1937), 17—19.

[18] NIEMYTZKI, V.: Sur l'équation intégrale non linéaire la plus générale. L. c. **17**, 20—22.

[19] RADON, J.: Über lineare Funktionaltransformationen und Funktionalgleichungen. S.-B. Akad. Wiss. Wien **128** (1919), 1003—1121.

[20] SCHAUDER, J.: Zur Theorie stetiger Abbildungen in Funktionalräumen. Math. Zeitschr. **26** (1927), 47—65 und 417—431.

[21] SCHAUDER, J.: Der Fixpunktsatz in Funktionalräumen. Studia math. **2** (1930), 171—180.

[22] SCHMEIDLER, W.: Algebraische Integralgleichungen. Math. Nachr. **8** (1952), 31—40.

[23] SCHMIDT, E.: Zur Theorie der linearen und nichtlinearen Integralgleichungen, III. Teil. Math. Ann. **56** (1908), 371—399.

[24] TYCHONOFF, A.: Ein Fixpunktsatz. Math. Ann. **111** (1935), 767—776.

[25] WEINSTEIN, A.: Ein einfaches Kriterium für die Konvergenz der Neumannschen Reihe. S.-B. Berliner math. Ges. **26** (1927), 168—170.

[26] WEISSINGER, J.: Zur Theorie und Anwendung des Iterationsverfahrens. Math. Nachr. **8** (1952), 193—212.

BERICHTE ÜBER DIE VERHANDLUNGEN DER SÄCHSISCHEN AKADEMIE DER WISSENSCHAFTEN ZU LEIPZIG

MATHEMATISCH-NATURWISSENSCHAFTLICHE KLASSE

Band 97

Heft 1 Prof. Dr. ERICH STRACK / Beobachtungen über den endogenen Anteil des Kot-Stickstoffs
24 Seiten — 8° — 1949 — DM 2,50 — vergriffen

Heft 2 Prof. Dr. ERNST HÖLDER / Über die Variationsprinzipe der Mechanik der Kontinua
13 Seiten — 8° — 1950 — DM 2,75 — vergriffen

Heft 3 Dr. H. GERSTNER / Dr. H. BAARK / Dr. H. GRAUL / Der Wechselstromwiderstand der Froschhaut
25 Seiten — 8° — 1950 — DM 2,75

Heft 4 Dr. HERBERT BECKERT / Existenz- und Eindeutigkeitsbeweise für das Differenzenverfahren zur Lösung des Anfangswertproblems, des gemischten Anfangs-Randwert- und des charakteristischen Problems einer hyperbolischen Differentialgleichung zweiter Ordnung mit zwei unabhängigen Variablen
42 Seiten — 8° — 1950 — DM 9,—

Heft 5 Dr. HERBERT BECKERT / Über quasilineare hyperbolische Systeme partieller Differentialgleichungen erster Ordnung mit zwei unabhängigen Variablen. Das Anfangswertproblem, die gemischte Anfangs-Randwertaufgabe, das charakteristische Problem
68 Seiten — 8° — 1950 — DM 14,50 — vergriffen

Heft 6 Prof. Dr.-Ing. ENNO HEIDEBROEK / Das Verhalten von zähen Flüssigkeiten, insbesondere Schmierflüssigkeiten, in engen Spalten
40 Seiten — 24 Abbildungen — 8° — 1952 — DM 5,80 — Nachdruck

Heft 7 Prof. Dr. HANS SCHUBERT / Über eine lineare Integrodifferentialgleichung mit Zusatzkern
52 Seiten — 8° — 1950 — DM 9,25 — vergriffen

Heft 8 Dipl. phys. HELMAR KRUPP / Bestimmung der allgemeinen Lösung der Schrödinger Gleichung für Coulomb-Potential
28 Seiten — 8° — 1950 — DM 5,50 — vergriffen

Band 98

Heft 1 Prof. Dr. WALTER SCHNEE / Über magische Quadrate und lineare Gitterpunktprobleme
48 Seiten — 8° — 1951 — DM 4,65 — vergriffen

Heft 2 Prof. Dr.-Ing. ENNO HEIDEBROEK / Über die Beziehungen zwischen Schmierung und Verschleiß bei geschmierter Gleitreibung
36 Seiten — 5 Abbildungen — 8° — 1952 — DM 2,75 — Nachdruck

Heft 3 Prof. Dipl.-Berging. KARL KEGEL / Der Salzstock Mirowo bei Provadia in Bulgarien
26 Seiten — 9 Abbildungen — 8° — 1951 — DM 3,— — vergriffen

Heft 4 Dr. HERBERT BECKERT / Dr. HANS SALIÉ / Bemerkungen über die Verbiegung hyperbolisch gekrümmter Flächenstücke / Über Abels Verallgemeinerung der binomischen Formel
22 Seiten — 2 Abbildungen — 8° — 1951 — DM 2,25

Heft 5 Prof. Dr. ERICH STRACK / Die Dauerinfusion als Verfahren zur Erforschung des Kohlenhydratstoffwechsels des Tierkörpers
20 Seiten — 8° — 1952 — DM 2,—

Band 99

Heft 1 Prof. Dr. HEINRICH BRANDT / Über das quadratische Reziprozitätsgesetz
18 Seiten — 8° — 1951 — DM 1,90 — vergriffen

Heft 2 Prof. Dr. GEORG SPACKELER / Der Gebirgsdruck und seine Beherrschung durch den Bergmann
36 Seiten — 12 Abbildungen — 8° — 1951 — DM 1,65 — vergriffen

Heft 3 Prof. Dr. ERNST DIEPSCHLAG / Die Anwendbarkeit der Regelungstechnik in der Hüttenindustrie
38 Seiten — 12 Bilder — 8° — 1952 — DM 3,90

Heft 4 Prof. Dr. ALBERT FROMME / Die Bedeutung der Entwicklungsgeschichte, besonders des Mesenchyms für die Klinik
24 Seiten — 8° — 1952 — DM 1,75

Heft 5 Dr. ROBERT BÖKER / Die Entstehung der Sternsphäre Arats
68 Seiten — 2 Ausschlagtafeln — 4 Abbildungen — 3 Tabellen — 8° — 1952 — DM 5,60

Band 100

Heft 1 Prof. Dr. HEINRICH BRANDT / Über Stammfaktoren bei ternären quadratischen Formen
24 Seiten — 8° — 1952 — DM 2,25

Heft 2 Prof. Dr. PAUL GÜNTHER / Zur Gültigkeit des Huygensschen Prinzips bei partiellen Differentialgleichungen vom normalen hyperbolischen Typus
43 Seiten — 8° — 1952 — DM 5,—

Heft 3 Dr. ALFRED MÜLLER / Die Schaubarkeit in der Axonometrie
22 Seiten — 3 Ausschlagtafeln — 8° — 1952 — DM 3,—

Heft 4 Prof. Dr.-Ing. ENNO HEIDEBROEK / Die Beziehungen zwischen Härte, Schmierung und Verschleißfestigkeit
40 Seiten — 10 Abbildungen — 8° — 1954 — DM 3,40 — Nachdruck

Heft 5 Prof. Dr. ROBERT SCHRÖDER / Frauenheilkunde in Forschung und Praxis
22 Seiten — 8° — 1952 — DM 1,35

Heft 6 Dr. ROLF REISSIG / Die pandiagonalen Quadrate vierter Ordnung
54 Seiten — 8° — 1952 — DM 5,—

Heft 7 Prof. Dr. MAX ROBITZSCH † / Die Erforschung der Atmosphäre, ihre Methodik und ihre Probleme
30 Seiten — 12 Abbildungen — 4 Kunstdrucktafeln — 8° — 1953 — DM 2,50

Band 101

Heft 1 Prof. Dr. KURT SCHWABE / Periodische Erscheinungen bei der anodischen Auflösung des Zinks
33 Seiten — 14 Abbildungen — 8° — 1954 — DM 3,—

Heft 2 UDO PIRL / Positive Lösungen einer nichtlinearen Integralgleichung
44 Seiten — 2 Abbildungen — 8° — 1953 — DM 4,—

Heft 3 Dr. JOACHIM FOCKE / Asymptotische Entwicklungen mittels der Methode der stationären Phase
48 Seiten — 8° — 1955 — DM 4,80

Heft 4 Dr. HANS SALIÉ / Zur Verteilung natürlicher Zahlen auf elementfremde Klassen
26 Seiten — 8° — 1954 — DM 2,50

Heft 5 Prof. Dr.-Ing. ENNO HEIDEBROEK / Die Verantwortlichkeit des Ingenieurs
22 Seiten — 8° — 1954 — DM 1,—

Heft 6 Prof. Dr. HANS SCHUBERT / E. SCHINKE / Zur Ermittlung von Unterschallströmungen mit der Transformationsmethode bei quadratischer Approximation der Adiabate
32 Seiten — 6 Abbildungen — 2 Tabellen — 8° — 1955 — DM 2,30

FSC
www.fsc.org
MIX
Papier | Fördert gute Waldnutzung
FSC® C083411

Zeitfracht Medien GmbH
Ferdinand-Jühlke-Straße 7
99095 Erfurt, Deutschland
produktsicherheit@kolibri360.de